一期一會 瀬戸内

謝統勝・李蕙蓁

an Art & Architecture
Voyage in Setouchi

目次

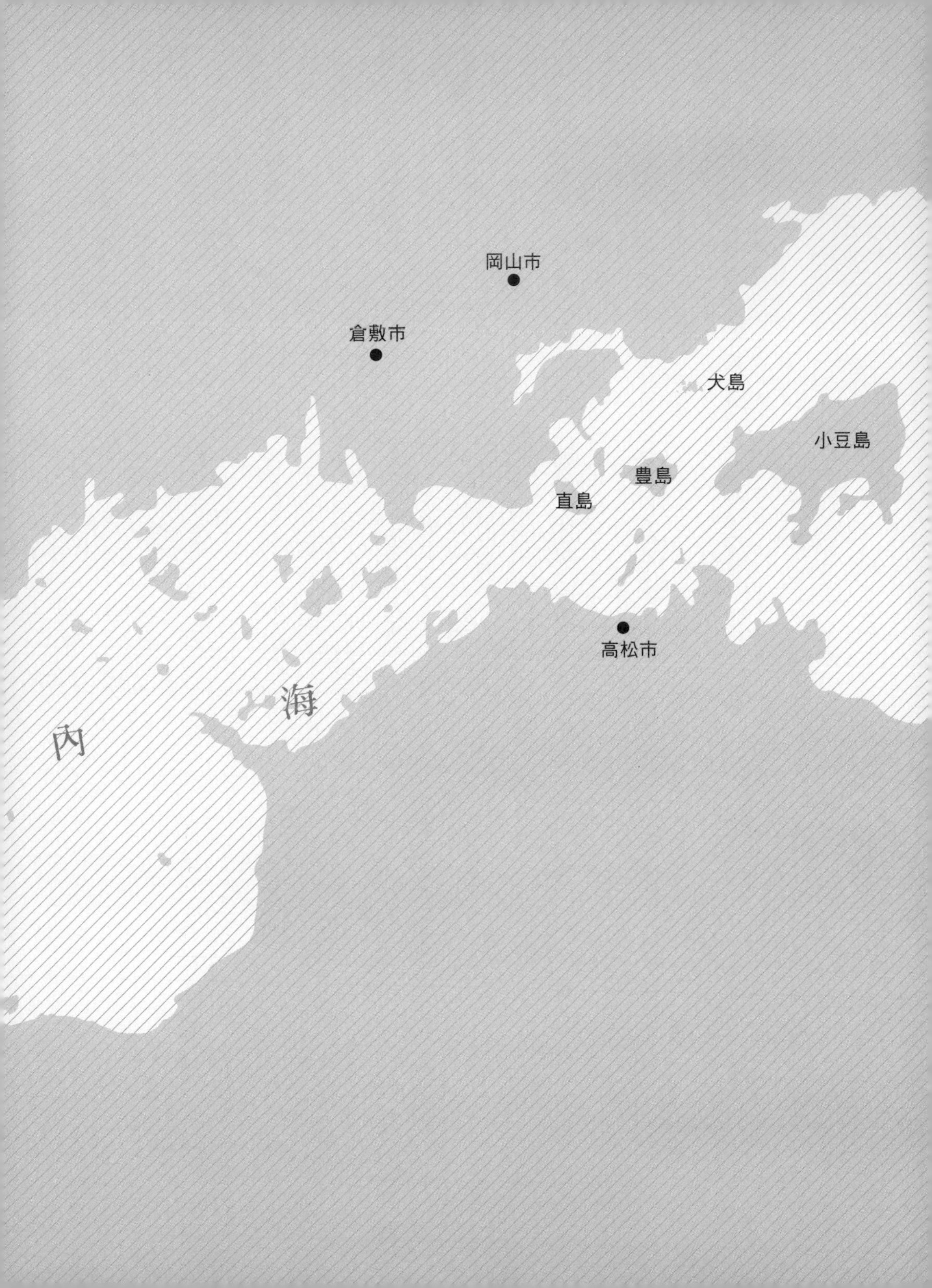
岡山市
倉敷市
犬島
小豆島
豊島
直島
高松市
海
內

尾道市
廣島市
竹原市
嚴島
瀬
戸

山陰新聞
Doris Salcedo
Sanrio Family
EVA AIR
TPE
BR151
ART
SETOUCHI
2014
秋 Autumn 2014
Tadanori Yokoo
地中美術館
ANDO MUSEUM

作者序

十字路
CROSSROAD
アートベース百島
柳幸典
石内都
ブルース・コナー
原口典之
ART BASE
十字路 CROSSROAD
2014.9.13-10.26
Doris Salcedo
瀬戸内、島想い
瀬戸内生活工芸祭 2014
シマアソビ
あゆみ
KILL YOUR TIMID NOTION.
EVA AIR
BOARDING PASS
TPE
BR151
POST
祈願
必勝
宮島

一期一會　瀨戶內

世界上不同角落的內海，特別是那種島嶼星羅棋布的多島海，對我們來說，一直有股無法抗拒的魔力，它象徵著某種休戚與共卻又同中求異的地域特色，也代表著某種文明。旅居歐洲的那段時間，對於孕育西方文明的南歐地中海與北歐波羅的海，有著無可救藥的迷戀，當時空回到了東方，總想著屬於東方的內海會是什麼模樣？如果有機會親眼一睹，應該相當值得期待。

很幸運的，在瀨戶內海國立公園成立滿八十週年之際，拜訪了這個以多島海景觀著稱的國立公園。此行，看盡了靜謐海平面上的特殊風景，體驗了頻繁上下大小渡輪的移動方式，抵達了內海之中的諸多島嶼。相較於東京與京都這類的一級城市，這裡確實是日本很原汁原味的鄉下地方，沒有過多遊客的喧囂，也沒有繁華急促的大都會步調，有的只是每天潮來潮去的大海，以及跟著潮汐過日子的居民，形塑成一個又一個遺世獨立的小鄉小鎮和小島。對於低調的旅人來說，這裡是個相當理想的生活場域。

自從二〇一〇年起，這樣的平靜有了微妙的改變，三年一度的瀨戶內國際藝術祭，在全世界掀起了一陣不小的藝術與建築旋風，也給島民們日漸凋零的生活帶來了新契機。妹島和世的犬島家屋計畫，百年前的煉銅廠變身為美術館；豊島上普普風的橫尾忠則與永山祐子超現實建築的強烈對話，坐落棚田間的豊島美術館，西澤立衛的白色水滴狀空間所帶來的無限想像和禪意；小豆島上的千枚田；直島上草間彌生的黃、紅南瓜與安藤忠雄的美術館群建築，全都是讓人詠嘆的上乘之作。

瀨戶內海旅行的醞釀，源自之前在代官山蔦屋書店帶回了一本倉敷尾道瀨戶內海的專書，又近年來瀨戶內國際藝術祭議題的加持，因此，早在藝術祭之前，就買了一本美術手帖出版的《瀨戶內國際藝術祭二〇一三藝術之旅春季版完全手冊》，認真的研究了幾個重點小島，也規畫了一趟完全藝術之旅，看著海上密密麻麻諸島遍布的地圖，總讓人興奮莫名，想像著搭船往返這些島嶼，賞藝術、觀建築、體驗島民生活，一定很有意思，也很具挑戰。

只是，在心裡不斷躊躇著，真要在暑假旺季去藝術祭人擠人嗎？如何在有限時間內趕赴這麼多小島，如何擠上班次不算頻繁的船班，以我們旅行的脾性，最終還是決定淡季去吧。非藝術祭期間，那些精彩的建築與藝術都還在，許多臨時性的裝置藝術和藝術活動確實是少了，亦無法體會島上短暫的熱絡情景，但也無妨，一趟旅程也無法一一走訪這麼多的藝術景點，僅僅去感受島嶼上的藝術氛圍和人文風情，緩慢地吸取一些正面的創作能量，對我們來說足矣。

選擇在非藝術祭期間造訪，也讓旅行的規畫更多元。把瀨戶內海附近的景點一併加了進來，在山陽大區域的旅行，自然景觀與人文環境元素相當豐足，平靜的內海、潮汐、山陽本線、吳線、城垣、天守、小京都、歷史街區、港口、渡船、跨海大橋、電車、神社、寺廟、世界文化遺產、後工業風、當代建築、名園、名人、土產、SuperView、國立公園、電影景點……，所謂的日本文化元素一應俱全，每個地方都有各自說不完的精采故事。

享受密集的藝術與建築饗宴之餘，繼續用我們一貫的、不疾不徐的旅行步調，探索跨越本州與四國的瀨戶大橋、島波海道；集結了歷史、文化、設計、美學的倉敷美觀地區；擁有得天獨厚山城海港的尾道，有著最真實的凋零生活場景，也有從民間力量領導翻轉的設計新星U2；搭上JR山陽本線，轉乘海岸景觀鐵道的JR吳線，來到有安藝小京都之稱的竹原古城；再往西行，則有兩個世界文化遺產，絕不容錯過的日本三景之一宮島，以及二戰時的廣島原爆點；而旅途中的起點與終點，岡山，則有日本三名園之一的後樂園和桃太郎傳說。

一直以來，對於日本的建築、設計、藝術、美學、工藝的關注，累積了不少的閱讀，旅途中的閱歷，就是最好的反思。出發前，更是密集的搜羅這趟行程的相關資訊，跑圖書館、逛書店，翻書、翻雜誌、看地圖，也上網找尋各類即時資訊，終於把行程大致敲定。老實說，行前計畫是最累人的階段，卻也是旅行中最大的樂趣之一，從一開始對目的地的模模糊糊到終於有了一個比較完整的印象，然後，滿心期待的等著到當地印證這一切，尤其這趟海上跳島之行的複雜船班資訊，如果沒有縝密的計畫，是會吃足苦頭的。旅行就是這樣吧，一旦決定了就積極準備，時間到了就勇敢出發，一切都會迎刃而解的。

現代人計畫旅行確實方便，網路一打開，或者鉅細靡遺的各家旅遊書，想要什甚麼樣的資訊都有，這個世界在網路的年代裡幾乎已經沒有秘境了。這是好處也是缺點，優點是許多細節都可以事先確定，火車、船班、巴士的時刻表與票價都是最即時的，住宿也有多樣選擇，還能參考他人的經驗，讓旅程中許多技術性的問題都能提前解決，免得在時間緊迫的旅途中手忙腳亂，有了這些資訊，也可以估算出大概的旅費。但是相對的，以往在旅途中解決這些事情，是一種樂趣，是一種期待，也是旅途中的回憶，只是現在都在網路上提早感受了。

也難怪，總覺得行前規畫的階段，讓人最開心也最期待，因為要不斷的解決種種問題。自助旅行真是一種自虐的行為，即使已經在歐陸身經百戰的我們，看似去了很便利的日本，卻也是有很多無法克服的小障礙，雖說都是些枝微末節的小事，但在旅途中如果一再被小事耽擱，可能也就無法順暢的完成旅途。

行前不僅蒐集了藝術祭和旅遊的資訊，也看了幾部跟瀨戶內海有關的電影，〈第八日的蟬〉、〈東京物語〉、〈給小桃的信〉、〈崖上的波妞〉、〈魔女宅急便二〇一四〉、〈二十四の瞳〉、〈幸福光暈〉、〈瀨戶內海賊物語〉等等，原來，日本人很愛以瀨戶內海為背景說故事。或許是近年來的藝術祭盛名，不時可在日本相關的書籍與雜誌中看到對瀨戶內海的描述，原研哉在《教育的欲望》中提到，他為瀨戶內國際藝術祭做的整體視覺設計，更早的谷崎潤一郎在《陰翳禮讚》中的旅行的種種篇章裡，也對瀨戶內海有所描述，甚至出發前剛出刊的《MONOCLE》雜誌也報導了尾道的發展、日本的彩繪人孔蓋、最新的U2倉庫更新設計等議題，就連台灣的中文旅遊雜誌，也都蜻蜓點水式的介紹了瀨戶內海的跳島旅行。怎麼剛剛好都在這個時間點出現，或許，只是因為我們要去這個地方，所以特別關注了這些訊息，更有可能的是，「瀨戶內海」這個字眼本身就帶有浪漫情懷，讓人無法拒絕。

英國作家艾倫·狄波頓認為，旅行隱含著探索人生、掙脫工作束縛、努力活下去之意，他認為只要對於旅行的藝術稍做研究，對於明瞭希臘哲學家所謂的「實踐的幸福」有實質上的幫助，他亦建議大家把旅行當成哲學問題來思考。對於他言簡意賅的描述，我們深有同感，每次的大小旅行，絕對不僅止於到處走看玩樂吃喝這些表象而已，而是一次又一次的人生功課。

為了這趟旅行，添購一部微單眼相機，這是第一次出國旅行放棄攜帶笨重的單眼相機，改用輕便的攝影工具，攝影在我們的旅途中占了極重要的份量，是我們高度依賴的創作與紀錄工具，因此這趟旅行的攝影方式和心態，對我們來說，是個很大的轉捩點。事後證明，在工具相對輕量化之下，身心的負擔大幅減輕之後，所得到的回饋甚至更多。很難想像之前在歐陸的行旅，如何揹負數公斤重的單眼相機加上數顆鏡頭，每天從早到晚上山下海的走上至少萬步行程，只能說年輕真好呀。

出發前，滿心期待，旅行後，回味無窮。此刻腦海中，迴盪著小島上夏末的老鷹盤旋、烏鴉叫聲、蟬鳴聲，以及ＪＲ山陽本線的鐵道聲。這趟瀨戶內海之旅，就像茶道中一期一會的精神，「一期」代表著人的一生，「一會」意味著僅此一次的相會，所以每一次的茶聚都是人生中獨一無二的相遇與體驗，對我們而言，每一趟旅程也是人生中的一期一會，一緒に，行きましょう。◆

瀨戶內海

多島海

靜

水平線

國立公園

原鄉

日本最早的國立公園，
谷崎潤一郎旅行的最愛，
安靜、柔軟、透明，
想像中的原鄉記憶。

向來對國家公園有特殊的情感偏好，大學時修習過國家公園、觀光遊憩這類課程，研究所又繼續進修了關於生態與環境衝擊的議題，在專業學習的過程中，國家公園一直都是特別關注的課題。就學時期，也曾在玉山國家公園擔任義務解說員，尤其懷念在南橫梅山、玉里南安、新中橫塔塔加每個工作站服勤時仙境般的山林歲月。因此，後來到訪每個國家，總會特別想看看別人的國家公園是以什麼樣的方式保護其珍貴的自然與人文資源，並且如何發展觀光遊憩。在英國的那些年，因為就住在山峰區國家公園（The Peak District National Park）山腳下的城市雪菲爾（Sheffield），自然有許多機會接觸國家公園，也在大學選修了山峰區國家公園的學分，進行了數次的田野調查，山峰區幾乎成了我們的後花園，只要一有空檔就往那成千上萬條規畫良善的自然步道裡去，不只山峰區，我們也拜訪了英國多座國家公園，從不斷走訪的經驗中，認識國家公園，也進而認識這個國家。

日本人稱國家公園為國立公園，很幸運的，我們在瀨戶內海國立公園成立滿八十週年之際，拜訪了這個以多島海著稱的國立公園。

文學家谷崎潤一郎在《陰翳禮讚》中「旅行的種種」篇章裡，提到他最喜愛旅行的地方就是瀨戶內海，他不喜歡那些被廣為報導的知名景點，因為一個地方一旦變得熱門之後，就會失去原有的味道，他反而喜歡瀨戶內海那些不知名

山巒層疊的丘陵地形，靜謐的多島海景觀，是瀨戶內海予人的初印象。

又交通不便的小島，因為在那裡不僅消費便宜、餐點可口、服務親切，而且最重要的是沒有人打擾，瀨戶內海沿岸和海上的諸多小島，就連冬季都有宜人的氣候，也可提早看到梅花盛開的美景，因為賞花是他的最愛。

《陰翳禮讚》是谷崎潤一郎在昭和八至九年間（一九三三—一九三四）寫下的散文隨筆，也就是瀨戶內海剛被劃定為國立公園的時間，至今已超過八十年，瀨戶內海沿岸的自然環境，經過了二戰後工業發展過程的嚴重污染，人們終於開始思考該還給大自然一個公道。我們此行遊走瀨戶內海地區時，竟還能隱約感受到谷崎潤一郎筆下的昭和年代，相較於東京和京都這類的一級城市，這裡確實是很原汁原味的鄉下地方，沒有太多干擾的遊客，也沒有熱鬧繁華急促的大都會步調，有的只是每天潮來潮去的大海，每日跟著潮汐過日子的居民，形塑成一個又一個吸引人的小鄉小鎮和小島。

日本列島的狹義解釋，指的就是面積較大的四大島嶼，九州、四國、本州與北海道，也包含了周圍與其間的無數個小離島，而瀨戶內海就是四國和本州兩大島嶼之間的海域。瀨戶內海國立公園的幅員相當廣大，東起紀淡海峽，西至周防灘，包含和歌山縣、兵庫縣、岡山縣、廣島縣、山口縣、德島縣、香川縣、愛媛縣、大分縣、福岡縣等沿岸的十個縣，不含海域的陸地面積有六萬六千九百三十四公頃，海域則廣達八十六萬兩千八百公頃。瀨戶內海是日本最早一批被指定的國立公園之一，一九三四年劃定的區域沒有現在這麼廣闊，僅小豆島的寒霞溪、香川縣的屋島、岡山縣的鷲羽山、廣島縣的鞆の浦、沼隈町周邊的備讚瀨戶一帶，隨著年代更迭，被劃定保護的區域也越來越廣。

日本的國立公園，是根據日本的「自然公園法」，將代表日本的自然風景地帶劃定為之，根據管理機關環境省對國立公園的定義，「在相同的風景樣式之中，既能夠代表我國景觀之特色，又能得到世界其他各國認可之傑出自然風景。」目前全日本總共有三十處國立公園，都是名聞遐邇的自然風光名景點，也是旅行的好去處。

夾在中國地區和四國山脈之間的瀨戶內海，根據地形考古的說法，是冰河時期海平面上升而形成的內海，被紀淡海峽、鳴門海峽、關門海峽、豊予海峽包圍著，風平浪靜的內海，海中遍布著突起的島嶼，構成了一幅幅特殊的島嶼景觀，也是它被劃定為國立公園的重要關鍵。瀨戶內海區域的發展由來已久，平靜的海上共計超過三千個大小島嶼，沿岸區域內有許多可以登高望遠的展望點，像是最知名的可遠眺瀨戶大橋的鷲羽山，另有岡山的王子岳和金甲山等，都是能盡覽多島海風光的名勝。過去即使沒有近年來瀨戶內國際藝術祭的光環加持，這裡同樣以她自身的魅力吸引各方旅人。

嚴島自江戶時期即被列為日本三景之一，
一九九六年嚴島神社和彌山
被列入世界文化遺產。
退潮時的神社大鳥居，
是世人對於日本的經典印象。

因為地形屏障，這裡氣候溫和、雨量不多，形成一種特殊的瀨戶內海式氣候，特點是溫暖少雨，又因為日照時間為日本第一長，所以適合葡萄、桃子、柑橘類水果生長，有許多高產值的農產品，還有冬天的牡蠣。沿岸的白砂、青松、海蝕崖、特有的花崗岩地形與地質、豐富的動植物種類，尤其是海洋生物和鳥類，以及人類長久以來沿著海岸邊形成的傳統聚落，都是區域內吸引旅人前往一探的要素。

瀨戶內海自古以來就是交通要道，二次大戰結束後，日本傾全力發展工業，形成了所謂的太平洋工業地帶，從南關東延續到北九州的工業地帶，包含瀨戶內海工業地帶，是日本工業發展中心，也是工業產品輸出重鎮。大戰前，以棉紡織、人造纖維、化學工業、軍事機械工業為主；戰後，更是大規模填海造陸，興建了現代化港口，發展鋼鐵重工、石化產業、汽車、造船等。幾十年來，工業發展與經濟成長的過程中，造成了不可逆的環境破壞，也造成農漁業的傷害，甚至出現了豊島廢棄物毒害事件等重大環境污染。

攝影家森山大道説：「人們在回溯記憶時，容易動感情，也容易變得浪漫。」是的，過往的回憶，不管是學生時期的懵懂學習，或是之後在世界各地旅途中的體驗，每每讓我們感覺生命的美好。有些地方的風景印象，會一再的和你的記憶重疊，甚至在旅行過程中，看著眼前的畫面，你卻不自覺的掉入回憶之中，不僅找尋記憶中的風景，也尋找著自己的生命歷程。這一回遊走瀨戶內海的多島印象時，自然的想起了北歐的波羅的海和南歐的愛琴海，雖然都是區域廣泛的內海，卻承載著東西方完全殊異的文化面貌。

多年前的初夏，從斯德哥爾摩到赫爾辛基的航程，大型郵輪航行在北歐的內海波羅的海，其中又以芬蘭海域中的群島海（Archipelago Sea）印象最為深刻，這裡是世界上範圍最大的多島海，航線須巧妙的閃躲海面上密集分布的大小島嶼，有些島嶼有人居住，大部分則是無人島，把無人居住的岩石和岩礁算在內，估計超過五萬個之多，那真是一趟視覺的航程，看盡了北歐國度溫柔的日出與日落，緩慢而平靜。而另一趟從雅典出發的郵輪，先停留在米克諾斯（Mykonos），再前往聖托里尼（Santorini），同樣也是航行在多島海的愛琴海之中，愛琴海的希臘語就是群島的意思，在湛藍的愛琴海域中，每一座島嶼上的白色風土聚落，是旅途中最浪漫的畫面，當然又是另一趟視覺系旅程，而溫暖、高反差、立體的南歐海域，和北歐冰冷、低調、扁平的海，對比出完全不同的迷人風景，即便兩者都在歐洲，卻如此的殊異。

讀萬卷書和行萬里路是相輔相成的，以往，習慣用國家公園的角度來思考國家公園，像是自然資源的保護、人文資產的保存，然而，在讀了日本設計大師原研哉的《慾望的教育》，以及累積這些年來在世界各地的行旅之後，對於國家公園有了不同層面的認識。原研哉認為，設計往往被用來描述產品和商品，其實我們也可以用設計的觀點來看待國家公園，他認為「當人們手持易讀且精美的宣傳材料前往國家公園時，就能透過這樣的體驗將他們的感動與朋友分享並產生共鳴。我甚至以為，國家公園的可貴之處或許不在大自然本身，而是人們在思考如何面對大自然、如何珍惜大自然的過程中，無形之間構築而成的一連串發想吧。」因此，原研哉認為國家公園可以說是高度設計的集結，而它應該是一個資訊的流通和傳播中心。

瀨戶內海為什麼吸引我們？台灣四面環海，與海洋的關係密不可分，一個島國的子民，除了對屬於自己的海與島充滿興趣，對於別人的海與島也充滿想要探究的期待。其中或許也呼應了建築家原廣司對於「離散型聚落」與「島嶼聚落」之所以吸引人的論述，他認為「島嶼聚落與其孕育出的各類文化，創造了異質事物共存的世界風景。島嶼往往依賴單一交通工具往返，封閉性也成為難以忍受的一面。如沙漠中的綠洲，因為具有封閉性，也就具有島嶼性格，其實，沙漠就是海洋。」在我們眼中的瀨戶內海，毋庸置疑的，與愛琴海或波羅的海一樣，屬於封閉卻又多樣的島嶼聚落，有著種種吸引

旅人的風土元素、文化特質以及足以被封存於記憶中的原鄉曠味。

確實，此類離散型聚落，因為自然環境的限制，彼此之間保持著距離，長時間在同一個場域中聚少離多的生存著，在世代延續以及地域獨特性的營造上卻又休戚與共。不管在台灣或在世界其它角落行旅，對於地域特性的追尋一直是我們最感興趣的，一樣都是內聚型海域，不同的緯度、氣候、種族，到底有何不同之處？光是思考這些問題並試著安排旅程，都足以構成一趟獨特的旅行。誠如原廣司所述，「海的歌謠未必能傳到天涯海角，然而，人們都希望能生活在如海洋般澄淨的地方。水質與文化特性應具有相關性，日本的海水較柔軟且透明，宛如母親。」至少瀨戶內海讓我們有這樣的感受。

剛抵達岡山的那天，飛機飛過四國上空後，進入了瀨戶內海，當時還無法分辨這些大小島嶼的相對位置，就像在平靜大湖上的島嶼般，一座連著一座，有機的分布其中，這趟瀨戶內海沿岸和島嶼間的旅行，也就像這面平靜的大海，包容著很有溫度的土地和人情，是人生中一段難以忘懷的旅途，相信它也會是日後某一段旅程中，突然閃現的記憶。◆

瀨戶內國際藝術祭

十二座島
一〇八天
二十六國
二〇〇組藝術

每座島嶼，每個聚落，
幻化成風格獨特、無以取代的露天美術館，
在島與島之間，體驗風土民情，也品味建築藝術，
旅行，就從航行開始。

平靜無波的瀨戶內海，自古以來即為海上的交通要道，不僅聯繫著日本國內的本州、九州與四國之間，也肩負與中國、朝鮮等鄰國間的來往，沿岸的聚落與海中的島嶼在歷史發展過程中，倒也安居樂業的以自己的步調過活。而自從二〇一〇年起，這樣的平靜有了微妙的改變，三年一度的瀨戶內國際藝術祭，在全世界掀起了一陣不小的藝術與建築旋風，藝術祭期間造訪此區的人數超過一百萬人次，國內外旅客紛紛來到內海中的小島，以乘船周遊諸島的方式體驗藝術，也給島民們日漸凋零的生活帶來了新契機。

過去，我們都覺得藝術這等情事，應該只有跟東京那樣的大都會才有連結，看藝術、看建築，當然就是到東京的美術館，現在可不一樣了，全世界的藝術發展與美術館經營有了全新的策略和模式，每每以你意想不到的方式呈現，像是英國人把蘇富比待價而估的藝術品拉到了查茲沃斯莊園（Chatsworth House）裡，倫敦人把國家藝廊（National Gallery）的複製名畫搬到了市區的大街小巷中，讓我們觀賞藝術的方式有了不同的選擇。而這一回日本人則把藝術拉到了瀨戶內海，以大海和島嶼為舞臺，從二〇一〇年的七個小島擴張到二〇一三年的十二個小島，以及本州的宇野港和四國的高松港，讓自然風光、漁村生活、熱情島民、梯田景致等都成了展演的一部分，推出了吸引全世界目光的藝術和建築新型態，讓人耐不住衝動想要一一親身走訪，同時也讓世人正視日漸凋零的島嶼人口和村落未來。

瀨戶內國祭藝術祭的想法，絕對不是一蹴可幾的馬上就端到世人面前，其實在當地已經醞釀多時。藝術祭的形成最早可追溯到福武書店創辦人福武哲彥，他在一九八五年與直島町長協議共同開發直島，當時直島、豊島等鄰近島嶼遭受了嚴重的工業汙染災害，福武哲彥希望將瀨戶內海建構成孩子的遊戲場，町長則希望將直島南部開發成教育文化場域，後來由長子福武總一郎接手，完成了這個偉大的夢想。首先，邀請了建築家安藤忠雄設計直島國際營地為基礎，開始了一連串對直島藝術園區的發展；一九九二年安藤忠雄完成了兼具藝術展覽與住宿設施的Benesse House，隨即受到國內外注目；二〇〇四年在安藤忠雄完成地中美術館之後，直島的藝術地位又更上層樓；緊接著，瀨戶內Art Network的構想被提出，犬島和豊島也相繼完成了新型態的美術館，整體的藝術氛圍已然形成。因而找來享譽國際的「越後妻有大地藝術祭」總策畫北川富朗，請他規畫更充滿挑戰的大海藝術祭，企圖以藝術的手段振興島嶼生命。

越後妻有大地藝術祭開始於二〇〇〇年，也是三年一度，是世界最大型的國際戶外藝術節，已行之有年，且成熟進行中。越後妻有指的是新潟縣南部的十日町市和津南町在內的七百六十平方公里的農村，藝術祭以農村地景為舞台，用藝術作為橋樑，透過外來的藝術力量，結合當地人民的智慧與資源，共同振興現代化過程中日漸衰頹的農村。並以「投入自然的懷抱」為理念，在當地居民日常生活和社區建設過程中，建立一個讓社區永續生存的理想模式。和瀨戶內海藝術祭的出發點一樣，目的都是要以藝術為手段振興當地，只是做法不同，呈現的面貌也截然不同。

二〇一〇年夏天，連續一〇五天的瀨戶內國際藝術祭，一推出就轟動全世界，二〇一三年則推出春、夏、秋三個展期共一〇八天，以「海の復權」為主軸，在安藤忠雄、妹島和世、西澤立衛、三分一博志等建築名家的建築中，邀集了衫本博司、草間彌生、荒木經惟、大竹伸朗以及眾多國際知名藝術家共同參與，再次以前所未有的藝術能量重砲出擊。這個做法相對也考驗著藝術家的能耐，過往藝術品總被擺放在純白、高貴、優雅、小心翼翼的美術館裡，現在要怎樣和最原始的島嶼風光結合，如何與純樸的島民生活互動，是另一種藝術型態的呈現，在無人的海灣、在廢棄的空間、在廢校的小學、在梯田間、在遺世的林間、在尚有人生活的村落裡，每一個意想不到的場景，都有藝術發生的可能性。

因此，藝術祭不僅僅是藝術家與建築家們的舞台，另一方面，北川富朗也把他最擅長的社區營造精神帶進來，希望藉由藝術創作的過程，讓當地居民參與其中，透過各種形式的參與，不管是實質的勞動參與或是無形的精神參與，從中得到生命的價值，也重新翻轉這些凋零的島嶼，讓藝術活化當地，也讓居民活化藝術。

藝術的氛圍不僅存在每三年一次的藝術祭活動期間，島上的建築和主要的藝術品，在非藝術祭期間也都一直在那裡，因此，不喜歡在藝術祭期間人擠人的訪客，像是我們，也可以有不同的選擇，當然，會少了一些藝術祭期間的熱絡動態展演和豐富多元的臨時性裝置，喜歡哪一種方式，就各取所需。

在歐洲行之有年的威尼斯建築雙年展、威尼斯藝術雙年展，是以集中的大型展場為舞台，雖然也零星分散在威尼斯整座島嶼的各個角落，有可能需要搭乘運河上的交通船或貢多拉趕赴哪個展場，在德國的卡塞爾文件展，則是要搭上輕軌電車往返山上山下的展場，都是讓旅人疲於奔命的藝術饗宴。相對來說，瀨戶內海的挑戰絕對更加刺激，以整個開闊的內海為舞台，得算準時間搭上班班客滿的渡輪趕赴各個島嶼。當然，不管在瀨戶內海、威尼斯或是卡塞爾，看展的心情都同樣興奮，一個是純樸的海上島嶼，一個是雍容的海上城市，都有大海吞吐著，另一個則有山林相伴，讓看展時的緊繃心情能適時獲得舒展。

瀨戶內國際藝術祭的另一個重點是整體的視覺設計，美術總監北川富朗找來日本平面設計大師原研哉操刀，原研哉是岡山縣出生的在地人，對瀨戶內海有一份特殊的情感，由他來負責整體的宣傳再適合不過，包含LOGO、海報、導覽書籍、地圖、資訊整合等。原研哉謙虛的表示，藝術祭的主角是藝術和藝術家，視覺傳達設計僅是幕後工作，必須克制與藝術爭鋒的手法，才能彰顯視覺傳達設計的本質。大師的高度果然不同，行前，我們就靠著一本官方出版的藝術之旅導覽手冊，掌握了藝術祭完整豐富、清新有條理的資訊，從詳細的地圖、島嶼的簡介、藝術品的內容、藝術品確切的地圖標示，到詳實的航班、船班、公車時刻、鐵路時刻，甚至小島上的住宿和美食推薦等，一應具全的編列在一本攜帶方便的導覽手冊上，手冊在各大書店通路都能方便購得，即使在台灣也能透過網路或是淳久堂書店代購的方式取得，讓你有絕對充足的行前準備，當然，官方網路上的資訊更是豐富，任何資訊都能透過APP免費下載，讓不喜歡看紙本的現代人也能用智慧型手機輕鬆查詢。

主視覺設計之外，交通運輸的視覺設計也是一大挑戰，因為要連結十二個島嶼的複雜船班資訊，必須要有一目了然的情報檢索系統，讓你馬上能翻找到目的地，而抵達小島後須按圖索驥去找尋那些藏身各角落的藝術品，地圖設計必須詳細精確、容易閱讀而且美觀，才能讓遊人有繼續走下去的興

上｜草間彌生的黃色大南瓜是直島最經典的藝術品。
下｜小豆島最值得一覽的千枚田景觀。

致。整體的視覺傳達設計，無非就是要簡化各方繁瑣的資訊，整合成讓人容易閱讀的內容，確實不簡單，自己走過一趟後，才深刻認知箇中奧妙，原研哉的功力果然了得。

藝術祭結束之後，官方也推出了一本作品集專書，原研哉將它變成了一本值得收藏的藝術專書，彙整了春夏秋三個季節總計一〇八天的展期，在十二座島嶼上，分別來自二十六個國家或區域的二百組藝術家所呈現的藝術作品，內容詳實且圖片精美，就算無法一一親自看過那些作品，翻閱過程都能讓你身歷其境，也懊惱著為什麼當時我們沒能走到那個角落。

二〇一六年，第三屆瀨戶內國際藝術祭，再度以十二座島嶼和兩個港口城市為舞台，一樣為期一〇八天，想走訪的朋友可以開始計畫了。◆

犬島S邸的藝術作品「Contact Lens」，日本藝術家荒神明香的作品。

犬島

精錬所

家屋計畫

透明

兔子椅

妹島和世

白與黑，透明與厚實，

傳統民居與工業遺址

找到了全新的可能，

歡迎光臨妹島之島。

早上五點二十分鬧鐘響起。也就是台灣時間的清晨四點二十分，真的好早。前一夜入睡時，自豪是晴天王國的岡山，竟然飄起雨來，早上拉開窗簾往外看，地上已呈半乾狀態，希望雨就這麼停了，聽說這裡一年有三百六十天是晴天，我們抵達的第一晚就遇到下雨，算是非常「幸運」吧。氣象預報說受颱風外圍環流影響，降雨機率是百分之六十，有雷，浪高一公尺。聽起來似乎不太妙，今天可是要在瀨戸內海上跳島旅行，只能求老天保佑了。

早上六點不到，天色仍灰暗著，就已經退房，旅館七點的早餐時間未到，還好昨晚已備妥兩顆大飯糰。通勤的日本人也好早，六點二十分的岡山車站已經滿是進城上班上課的人潮，原定要搭六點三十七分的火車，太早到車站，於是提前一班上車，六點二十二分搭上ＪＲ赤穗線往東行，十八分鐘後，我們已經在郊區田野間的西大寺站月台上，夏末清晨略帶涼意的微風陣陣吹來，非常舒暢。還是喜歡搭火車的風景，平緩的速度，固定的停靠，直線的穿越，窗外風景一幕幕的移動，更能感受旅途中特有的氛圍。

早安，宝伝港

網路上的交通資訊顯示，往宝伝港的公車要九點過後才有，出站時決定再問問站務人員，抱持著最後一線希望。這小站的站務員居然通英文，他要我們自己去車站外的公車站牌看，那當然就是沒有了。看見車站門口停了一黑一白兩輛計程車，其實心裡已經夠開心了，詢問了到港口單趟多少錢時，還是被嚇了一大跳，但情非得已，花三千三白日圓可換得一整天的順暢旅程，還是值得。不然，真不知道這天的島嶼旅行該從哪裡跳起，要搭配島嶼之間不算頻繁的船班可是非常具挑戰性，稍一不慎，一整天可能就這麼泡湯了。

計程車其實是跳錶的，計程車伯伯很熱情的想用日文跟我們介紹當地風光，無奈我們的日文程度還是鴨子聽雷的程度。計程車雖老舊，但是非常乾淨，車子越過了吉井川寬闊的河面，其實不遠處就是出海口，從二八號縣道轉進二三二號鄉間小路，最後進入港口的村莊，約莫二十分鐘的路程，來到了迷你安靜的宝伝港。就在快抵達港口時，計程錶上已經跳到三千三百五十日圓，司機直接按下收據按鈕，沒讓它再繼續跳，還好。

宝伝港離岡山市區並不遠，開車路線約二十五公里，但交通不便，得先搭火車換公車再走路，又公車班次很不頻繁，假日才有市中心開往港口的直達車，但也是趕不上我們要搭的八點早班船。我們在七點整就來到了安靜的小港口，其實也是一個小漁村，一大早幾乎無人煙，海面上的陽光若隱若現，只有一名穿著白色圍裙的婦人出門倒垃圾，身後跟著一隻很像狗的行徑的白貓，他們好像都不跟陌生人打招呼的，是害羞嗎？

把大行李丟在候船處，隨意在港邊走逛，當作是晨間散步，幻想著如果每天都能在這樣的地方散步，該有多好。港灣裡停泊的都是小漁船，民家就在水岸邊，僅一條不算寬的小路相隔，顯示這裡的海象非常穩定，要不然，房子不敢蓋得離海這麼近，面海的房子視野非常好，每天看著瀨戶內海的日出日落，外來客的我們覺得好浪漫，而且小漁村裡沒有台灣漁港的那種刺鼻海腥味，海濱的環境也一樣乾淨整齊，難道他們連海水都比我們淡雅嗎？

港村很迷你，只有公共廁所是全新的，面海的民房中有一戶經營民宿，可能也是拜犬島發展藝術旅遊而來的生意，其中一戶房子整理得很講究，一層樓平房的屋外圍牆是白色空心磚，有個漂亮雅致的庭院，看來不像是漁家，約莫七點三十分，一對年輕的爸媽開了大門，正要帶著三名稚齡小孩上班上學去，那個畫面就像是電影或日劇裡刻意打造出來的場景，真實卻又好不真實。會選擇生活在海港邊的人，一定都有浪漫到無可救藥的一面吧。

離登船的時間尚有幾分鐘，終於出現了搭船的乘客，看起來都是當地人，而且都是年輕人，估計是要前往犬島美術館上班的工作人員，每天固定搭早班渡輪上班，如此的通勤工具，也是一種浪漫的延伸。只是，冬天就不知道是什麼樣的情景了，應該會變成痛苦的早晨吧。

風平浪靜的早晨，從宝伝港航向犬島。

犬島，咫尺之遙

犬島仍在岡山縣的行政管轄範圍之內，一座非常迷你的島嶼，面積僅〇·五四平方公里（龜山島都有二·八四一平方公里），過去以生產花崗岩和煉銅業為主，島上供奉犬石神明，犬島的名字就是來自西北方另一座無人島「犬ノ島」山頂上，一顆狀似犬的巨石，名為犬石。從宝伝港這一側望過去，視覺上以為只是海灣的另一頭，或者像是河的對岸，因為距離僅二·五公里。好不真實的，此刻我們就站在瀨戶內海前，海面平靜的連波浪都沒有，我們將要在海上的幾座小島間，轉換各種大輪小船，進行一趟藝術之旅，光是用想的都分外期待。

上船前，跟剛剛那位白貓的主人買了兩張船票，收了錢卻沒給船票，好歹也讓我們留做紀念。快船在海面上跳躍式的前進，十分鐘後我們已經抵達犬島，為了這短短的幾分鐘船程，花了我們好大的力氣、好多的日幣、好久的時間。或許這也是旅行的啟示之一，太容易抵達之處，就不足為奇了，就像當年也是費了九牛二虎之力和昂貴的火車票，又走了好長一段山路，才抵達了法國東部的廊香教堂，站在濃霧的山頭望著若隱若現的教堂，眼淚都要流下了。

瀨戶內海果然是平靜的內海，完全無風無浪，哪來的浪高一公尺呢，又瞎擔心了。

搭載了十來個客人的快船，放我們下船後馬上空船又開回宝伝港，下一班是十一點，也是啦，班次太頻繁也沒多大意義，因為平時也沒幾名客人，剛剛船上的那群年輕人果然全都往港邊不遠處的遊客中心報到。精鍊所美術館十點才開放，問了一名在門口準備開工的工作人員，「可以先讓我們把行李寄放在這裡嗎？」他微笑的指了告示牌說：「十點才開放。」我們當然知道是十點，只是想說小島上沒半個遊客，就這麼迷你之處，不能有點人情味嗎？日本人做事確實規規矩矩，但很多時候變得不近人情，也不願意多想辦法幫助你，或者是個性使然，還是客氣習慣了，總是保持著一種禮貌性的距離，讓你無法再多靠近一點，其實也沒有惡意，只是偶爾讓熱情的台灣客覺得好落寞。

打算就拉著行李到村莊裡走走，犬島的範圍很小，島上除了對外聯通的船之外，幾乎沒有交通工具，因為全在步行可達的範圍，但是呢，才走沒幾公尺就投降了，這麼安靜的小島，拉著行李實在太吵也太失禮了。尤其一大早的島上，完全沒見到人影，甚至連一隻貓一隻狗都沒有，家家戶戶的門窗前都有竹簾半遮掩著，完全看不到屋裡的動靜。只有港邊的路燈上停了一隻老鷹和數隻烏鴉，岸邊岩石上站了一群海鷗，安靜異常，讓人覺得老鷹和烏鴉的叫聲似乎正在竊笑這兩位旅人。

決定就把行李丟在港邊消防隊的門口，一旁是雜貨店的休息棚架，此刻還沒開門營業。以一種都市人的想法，天真的以為可以在島上找家咖啡館吃頓悠閒的早餐，來了之後才發現這個時間點，根本沒人開店做生意。最後在陰暗幽閉的候船處，找到了自動販賣機，買了一罐小小的UCC無糖黑咖啡，坐在消防隊前一排排天空藍的木椅上，啃著昨晚在車站買的山田村巨大飯糰，一個野菜口味一個炸蝦口味，大概是搭配著海景，飯糰意外的好吃，還好事先準備了食物，不然此刻可能在這小島上餓昏了吧。

藝術家屋計畫：S邸、A邸、中の谷東屋

丟下行李後，輕裝往村莊裡走去，準備找尋建築家妹島和世（一九五六－，茨城縣人）與藝術總監長谷川祐子（一九七〇－，靜岡縣人）聯手的藝術家屋計畫，家屋計畫的六棟房子分別是二〇一〇年完成的F邸、S邸、I邸、中の谷東屋，二〇一三年則完成了A邸、C邸。

安靜到不可思議的村子裡，懷疑那一棟棟木造老房子裡到底有沒有住人，走了一大圈還是沒碰上半個人影，倒是家屋計畫的作品讓人驚豔連連。首先遇到的是「石職人の家跡」，藝術家淺井裕介（一九八一－，東京都人）在幾棟民宅之間的一處空地上，以灰黑色為基底，用白色塗料畫滿了狐狸、爬藤、船、神社等各種圖騰，也邀請了村民一起創作，讓人聯想到古代遺址的印象。一旁的廢墟基座上還擺有兩把SANAA的兔子椅，讓你可以坐下來慢慢端詳。

轉了個彎，馬上就看見了最讓人期待的女性藝術家荒神明香（一九八二—，廣島人）的S邸和A邸。這兩個基地都已看不到原有家屋建築的痕跡，S邸的作品名稱是「contact lens」，隱形眼鏡之意，以隱形眼鏡的概念與造型，將各種尺寸的大小圓形鏡片植入一面透明弧形的壓克力牆中，透過鏡片所看出去的畫面呈現扭曲變形誇大，讓你體驗知覺的轉變。A邸名為「reflect two」，創作靈感來自陶淵明詩中的桃花源，用鮮豔的人工花瓣編織出帶狀圖騰，放置在三百六十度環形的壓克力中，鮮豔的花朵和周圍老舊的民居形成強烈對比，並以類似河面反光的鏡射方式，映出聚落周圍的天空、地形和傳統建築，桃花源欲表現的是人類追求理想社會以及對現實不滿的隱喻。接著，再往坡上走，經過了墓園，墓園旁設置了妹島和世的「中の谷東屋」，這是一處休憩所，很貼心的讓遊客可以坐下來歇歇腳，圓形鏡面的屋頂，反映著天空和周圍環境，坐在金屬的兔子椅上，還能聽見各類不同的回音效果，這個作品就像是SANAA在二〇〇九年於倫敦蛇型藝廊夏日展館的作品，不鏽鋼細柱，鏡面皮層，只是尺度縮小了。另外，島上不經意的角落，偶爾會出現兩把兔子椅，這是SANAA於二〇〇五年和Nextmaruni project共同發表的一把設計單椅，是島上步行過程中的小驚喜。

妹島和世以其一貫的設計風格，與想象中幾乎無落差的畫面映入眼簾，為當代藝術作品打造一個盡善盡美的載體。她的作品風格纖細、透明，利用無色

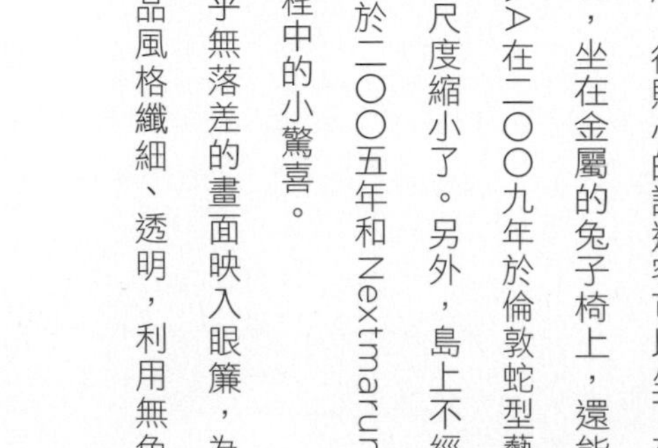

右｜墓園旁的中の谷東屋。
中｜犬島上許多角落都擺放了SANAA的兔子椅，兼具視覺與實用目的。
左｜「石職人の家跡」，日本藝術家淺井裕介的作品。

彩、透明、不透明、具反射性的材質，讓建築作品融入甚至隱藏於環境之中，在多雲、陰雨或起霧的天候之下的效果更加顯著。她所營造的空間或場域，強調平等、去階級性，也盡其所能的減少量體或將量體以離散方式配置，濃厚的女性特質看似低調卻總是引人目光，在視覺上的感受總是那麼的乾淨、俐落、清新、通透、無壓力，甚至有點虛無飄渺。

慢條斯理的看完了四個作品，藝術之旅的第一站，就帶給我們這麼大的震撼和驚喜，為何能有這樣的設計美學和這樣的施工品質，形式樣貌雖然與小島上的傳統聚落完全對比，卻能和地景融合得恰到好處。尤其，在安靜的大環境中，每個作品都產生了回音效果，當你走進其中，能清楚聽見自己的腳步聲和說話聲，甚至是喘息聲。當然，這也是在非藝術祭期間和一大早來訪才能享有的參觀品質，整座島上的遊客就只有我們兩人，想用什麼角度觀看都可以，完全沒有其他人干擾，只是，沿路一直被惡毒的斑蚊攻擊，還好前一天已經在藥妝店備妥蚊蟲藥。

如果有機會在藝術祭期間來訪，犬島海水浴場的「維新派」是我們最想親臨的作品，一個戶外劇場的巨型舞台，建置在漲潮會被淹沒的沙灘上，隨著潮汐，舞台可能在乾潮時，也可能在濕潮時，舞團就隨著漲退潮呈現出精彩的演出，只是觀賞這樣的演出，門票要價六千五百日圓，確實讓人很有距離。藝術祭的立意良善，但老實說各項門票太過高昂，讓藝術出現了階級。

上｜家屋計畫S邸與荒神明香的作品「Contact Lens」。
下｜家屋計畫A邸與荒神明香的作品「Reflect Two」。

犬島精錬所美術館

時間接近十點，決定走回港口，行李果然安在，這時候多了幾名西方遊客，從哪兒冒出來的呢？是住在當地民宿嗎？外觀非常低調的黑色遊客中心就蓋在海岬邊，兩側都能看見海，視野非常好，南側可以飽覽整個瀨戶內海的風光。早上拒絕我們寄放行李的那位先生，特地跑出來跟正在看海的我們說：「現在開放了。」拉著行李走到櫃檯，買了今日開張的第一張門票以及下午的船票，然後，終於可以免費寄放行李了。遊客中心的商店和咖啡館也開始營業，坐在靠南側窗邊的榻榻米上，望海喝杯咖啡真是無敵享受。早上看見了搭船的年輕人用塑膠袋提著一把日本細蔥、兩顆甜椒，這樣就真的能來做生意了啊。

拿著票，走往島上最重要的據點，犬島精錬所美術館。遊客中心到美術館之間有段距離，完全開放的路徑，不管風吹日曬雨淋，訪客都必須經過這一段，步道旁還有幾戶民家，這如果在台灣，絕對是變成了一條厚重的硬鋪面步道，可能再加個遮陽遮雨的頂蓋，或許還出現幾攤小販，然後一切的氛圍就被摧毀了。精錬所的部分戶外是自由開放空間，進入室內就需要那張昂貴的門票。這時候，躲了一早上的陽光終於肯露臉了。

犬島過去以生產花崗岩聞名，鄰近的岡山城、大阪城、大阪港，甚至是江戶城、鎌倉鶴岡八幡宮鳥居的花崗岩，都從犬島而來，也難怪剛抵達島上時，感覺有點像到了金門。島上的聚落集中在靠近岡山陸地的北側，東邊有座煉銅廠遺址，煉銅工廠一九〇九年啟用，使用不到十年光陰，因銅價大跌隨即停工，任其傾毀荒廢，廠區裡的數根巨大煙囪經過了百年仍高高矗立，已成了犬島的醒目地標，廠區戶外特有的亮黑色磚牆非常深邃，整體建築就蓋在臨海的花崗岩基座上。小島上的人口在最巔峰時曾有五千人，隨著產業凋零而越來越少，根據二〇一〇年的統計數據僅剩五十四人，很難想像過去的榮景時光。

精錬所荒廢了近百年之後，由公益財團法人「直島福武美術館財團」出資開發，企圖以藝術的手段活化工業建築遺址，二〇〇八年開始，犬島有了全然不同的樣貌，以「遺產、建築、藝術、環境」為其設計的核心價值，蛻變成我們眼前這座精錬所美術館，二〇一〇年之後更成為瀨戶內國際藝術祭的重要展場，也是遊人費盡千辛萬苦也要登島一訪的新景點。

精錬所美術館的空間由建築師三分一博志（一九六八－，山口縣人）設計，藝術裝置由柳幸典（一九五九－，福岡縣人）主導。驗票進入室內後，在每個重要的展覽空間，需等待工作人員的簡短說明和指示，才能依序參觀。開始了一趟讓人心情忐忑又震撼連連的參觀過程，先走進了一段很短卻感覺很遠的路徑，陰暗的空間中用了數面鏡子反射，L型的路徑設計，利用四十五度角的鏡射原理，從最遠端把戶外天光引進來，經過了一層層的折射、反射，讓光來到最黑暗的入口端；走到最終端，還能在天光下的那面鏡子看到自己，讓人意想不到的設計。此外，室外的海風聲響也被引進來，在狹長的走道中產生了迴盪，轟隆隆的風切聲讓人在黑暗中更顯緊張急促。

接著，進入了主要展覽空間，一個關於三島由紀夫（一九二五—一九七〇，東京人）的空間，特意從他在東京涉谷區的故居松濤之家搬來了門、窗、櫃、家具、洗臉盆、馬桶等物件，加以重新排列組合，放置在工廠遺址中新增建的挑高拱型空間中，也就是其中一根大煙囪的下方，營造出一種幽暗微妙的氣氛。再進入由兩面鏡子彼此反射的小空間，鏡子一開始用日式拉門遮掩，兩側拉門打開之後，以紅色燈光投影，讓你置身其中，反射出千百萬個自己，效果十足。

最後，以一篇三島由紀夫的文章，將文字製作成一個個金屬字片，懸掛在半戶外的空間，隨風搖曳，金屬字片就像風鈴般被海風吹著，不時發出微弱的金屬聲響，為了解說這段文字，又設計了一個小空間和一扇拉門，低調巧妙的將解說牌隱藏起來，怕破壞了展品的完整和呈現，十足細膩的手法。不像我們的解說牌總是大辣辣的破壞整體版面，還一副沾沾自喜貌的高掛著。

柳幸典這一系列作品名為「ヒーロー乾電池」（英雄乾電池），是以小說家三島由紀夫一九六八年發表的《太陽與鐵》這本小說為題材來呈現。三島由紀夫的文字與思想，背負著近代日本文化的深刻反省，在這個曾被工業嚴重汙染的小島

百年歷史煉銅廠遺址改建而成的犬島精鍊所美術館，整體呈現了以遺產、建築、藝術、環境為設計核心的價值。

上，以如此強烈的印象讓現代人藉此反省環境問題。《太陽與鐵》是三島由紀夫的哲學告白，他從古希臘精神中找到了與日本的某些共通性，人類透過精神意識可以使意志和肉身轉換成太陽和鐵，也把大和民族的切腹自殺當成是他生命中的最高意志，此書也預言了兩年後他慘烈的自絕行動。三島由紀夫不僅代表了日本的武士道精神，也是這個民族對太陽的極端崇拜展現。

犬島精鍊所美術館的設計獲得二〇一一年日本建築學會賞（AIJ Best Project Award），除了外觀看得到的努力，在看不到的環境永續設計方面也相當用心。建築體由工業用途轉變為文化設施，體現了棕地（brownfield）再生與閒置空間再利用的基本精神，材料方面使用銅精煉後的副產品：黑色金屬光澤的Karami Brick作為頂部與地板的吸熱材，也以當地產的花崗岩作為地板材，達到良好的溫度調節特性，既能蓄熱也可保冷。值得一提的是由英國知名工程設計團隊ARUP所主導的被動式建築設計，以零耗能為目標的設計策略，包括利用半覆土建築對於地熱及太陽溫度易吸收保存的特性，搭配原有的植栽與厚實磚造結構，讓內外溫度的變化達到最低，在不採用空調機組的前提下獲取合理的舒適度。

原有的精鍊所煙囪也成了浮力通風的現成氣流通道，室內外空氣得以自然流動交換，也因為氣流路徑需通過相當長度的地熱保溫管線，讓室內在不耗費任何能源的狀況下，得以有新鮮且溫度適中的空氣可用。室內採光則利用鏡子的物理

數根巨大煙囪與亮黑色金屬光澤的Karami 磚面質感，是犬島精鍊所美術館的地景特色。右上圖的黑色建築，是日本建築師三分一博志所設計的低調遊客中心。

特性，將自然天光引入原本陰翳昏暗的室內，置入聲音之後也成為藝術作品的另一種呈現。大面積的高透水鋪面搭配足量的現地植栽，雨水經過岡山大學所設計的以植栽淨水為手法的環境循環系統之後，導入地底儲水槽。這個被動式設計取代主動式設計的作品，實現了人類原本就知悉的低耗能、低科技、高舒適度的綠構築做法，捨棄對於高科技手法的依賴，也讓造價及後續維護成本大幅降低，讓整體建築設計達到環境永續友善的最終目的。

最後，來到了暫停營業的半戶外咖啡館，爬上一段階梯回到戶外，陽光隱隱約約，海風吹來舒暢，沿著規畫好的路徑，一路上上下下的走過廢棄的工廠遺址，瀨戶內海的風景，也在彎曲迷人的路徑中，以各種視角不斷出現，路徑旁用了非常低調的繩子綁好當成界線，僅作為路線導引之用，高度、形式、顏色完全不破壞景觀，絕不會出現各式各樣礙眼粗壯的木欄杆或水泥柱，過程中一直遇見一對年輕的法國男女和一對年長的美國男女，比起我們，更是千里迢迢的來到這個小島吧！

藝術家屋計畫：F邸、I邸、C邸

走到步道最末端的煙囪前，竟然飄起雨了，慶幸自己已用最從容的步調走完全程。從精鍊所出來後，帶著一時難以平復的激動心情，又走回村莊，此刻還得再去找尋另外兩棟需要門票才能入內的家屋作品，雨意思意思的飄了幾滴，但是天氣變得異常悶熱，汗流浹背的快走著。位在山神社旁的F邸，由藝術家名和晃平（一九七五－，高槻市人）創作的「Biota（Fauna/Flora）」，妹島和世沿用了老屋的樑柱系統與屋頂，將四周牆壁面全部透空，打造出一個全新的展演空間，藝術家則以細胞分裂和增生的概念，在空間中恣意衍生的巨型白色裝置，兩側各自延伸出去的鏡面庭園中，則有動物相和植物相的創作意象，讓人體驗生命繁衍的過程。我們爬上一旁小丘上的山神社，觀賞F邸和視野展望很好的島嶼風景。

另外兩棟I邸和C邸則要繞過整個港口，但距離其實也不遠。前田征紀（一九七一－，大阪府人）的I邸「Universal Reception/Universal Wavelenght/Prayer」，是一棟木造平房和大庭園，以自然界的水、聲音、植物三個要素和光構成的創作主題，用金屬架支撐著四個顏色的玻璃板，屋子裡掛有一個會發出聲響的裝置，忽快忽慢的速度旋轉著，以及用玻璃瓶裝的犬島井水，象徵著小島上的自然能量。再往上走就是C邸，一棟用二百年老屋拆下的松木打造的全新空間，擅長影像創作的日越混血藝術家阮初芝淳（一九六八－，東京人），拍攝了一段在犬島採石場上打棒球的畫面，突顯了犬島生活和其現代化過程中的轉變，作品名稱是「The Master and the Slave：Inujima Monogatari」。

那天上午，我們等於把犬島的村莊整個走過一遍，島上的尺度剛剛好，全是步行可及，發展成藝術島嶼很適合，也完全符合對於島嶼藝術祭的最初想像。

旅程回來的隔月，在台北國際會議中心聽了一場妹島和世本人的演講，這是第二回聽她演講，這一次她經過了普立茲克建築獎的加持，比上一次更有造型、更有魅力、也更有自信，演講中仔細介紹了犬島家屋計畫，聽起來感覺好親切也好有臨場感，因為我們才剛剛從那裡回來，原來，家屋計畫仍在進行中，下回去可能又有新的家宅出現，好期待。

不過，心中有個小小疑惑，外來建築和藝術的質與量大大的凌駕整個犬島，力量太強大了，兩者間完全失去平衡，雖然我們非常喜歡妹島和世的作品，但是把犬島完全變成了妹島之島，島民的影子幾乎完全不存在似的，這樣的發展，不知道當地人如何看待，他們自己也喜歡嗎？

終於，又走回遊客中心，不少人正在享用遊客中心販賣的小豆島素麵套餐，在紀念品店買了一張明信片，還好前一趟日本旅行留下四張沒用完的七十日圓郵票，趕緊寫好貼上，問了一問三不知的工作人員，島上哪裡有郵筒，他回答郵便局，我們傻傻的以為是剛剛在村子裡經過的那間古老郵便局，結果老P狂奔過去，是郵局中午休息，還是郵局根本不存在，只是一間保存的老屋，只好又狂奔到唯一有印象的墓園前的小郵筒，港邊怎麼沒設置一個郵筒呢，至少遊客中心也可以提供代寄服務嘛。

下午一點，船都快開了，把犬島又跑過一遍的老P才氣喘吁吁的跑回來。準備登船，往下一個小島出發。◆

家屋計畫I邸與藝術家前田征紀的「Universal Reception/Universal Wavelenght/Prayer」，以一棟木造平房和大庭園為舞台，讓自然界的水、聲音、植物三要素和光構成創作主題。

INSULAR
INSIGHT
ARCHITECT

豐島

橫尾忠則

白

西澤立衛

棚田

狂傲寫實與侘寂禪意都在這裡尋得，
棚田間的白色水滴狀空間，
賣的是情境，
安靜到連提筆寫字都不被允許。

往豊島的快船上，搭載的都是剛剛在犬島遊客中心吃素麵的那幾組西方旅客，二十五分鐘的船程，還沒來得及喘口氣，眼光還在海上東張西望，已經走跳到另一座島嶼了。從犬島到豊島，行政區上已經從本州的岡山縣來到四國的香川縣，在家浦港停靠上岸後，氣氛跟人煙稀少的犬島完全不同，一下船即有租車公司、民宿業者拿著廣告牌攬客，但是竟沒人搭理我們，難道看得出來我們不諳日文？還是他們預知了我們不租車也不住宿？

隸屬於小豆郡土庄町的豊島，面積十五平方公里，大約就是綠島的大小，人口一千人左右，以盛產「豊島石」聞名，京都桂離宮的宮燈材料就是來自豊島石，島上有九千年前的貝塚遺跡，以及繩文時代末期（西元前一萬四千年－西元前三百年）到彌生時代（西元前三百年－西元兩百五十年）的人類遺跡，小島風景就是大面積的森林和一片又一片鱗片狀堆疊的棚田，也就是梯田。現在島嶼對外交通便捷，與周圍的犬島、直島、小豆島、宇野港、高松港都有船班來往。島中央最高的檀山，海拔三三九公尺，可眺望瀨戶內海風光，甚至能看見瀨戶大橋和淡路島。一九八〇年代前後，曾發生嚴重的豊島事件，即廢棄物非法傾倒事件，十六年間被非法傾倒了五十六萬噸廢棄物，造成島上土壤嚴重汙染與環境破壞，二〇〇三年日本環境省編列了二十八億日圓的龐大預算，清除島上廢棄物，並重新復原環境。

豐島橫尾館

站在碼頭看好了地圖上指引的方向，拉著歪掉一個輪子的行李箱，火速走到港口附近的豐島橫尾館，一棟傳統民居改建的美術館，空間非常迷你，但展場空間與藝術作品皆屬上乘，可說是此行我們最沒有期待卻最驚喜的作品。黑色木頭、白色牆面，大膽突兀的配上紅色玻璃，多加了一根十四公尺高的巨型圓筒狀黑磚煙囪，光是外觀就足以讓人驚呼連連，這是年輕的女性建築家永山祐子（一九七五－，東京都人）的作品。

豐島橫尾館改建自傳統民家，內部空間分成三個區塊，分別是母屋（主屋）、倉（倉庫）、納屋（工作間），入口處在倉與納屋之間，售票處設置在倉，我們沿著順時針的參觀方向，從庭、母屋、納屋，剛好繞一圈回到出口。建築家想要以高塔象徵男性，庭園象徵女性，探討生與死的哲學，和藝術家橫尾忠則普普風的十一件巨作，產生強烈的對話。

享譽國際的日本藝術大師橫尾忠則（一九三六－，兵庫縣西脇市人），以插畫家出身，活躍於設計、文學、廣告、劇場、音樂、電影等，是一位跨領域的重量級藝術家，也是日本普普藝術的領導者之一，行事風格特異，至今仍活躍於日本藝壇。年輕時曾替三島由紀夫的文學連載畫過插畫，三島由紀夫曾經如此形容過他，「橫尾忠則的作品，簡直是將我們日本人內在某些不想面對的部分全都暴露出來，讓人憤怒，讓人畏懼。這是何等低俗的色彩啊。恐怖的共通性潛藏在俗豔看板的土氣色彩，以及美國普普藝術可口可樂鮮紅容器的色彩之間，引爆我們內在那些自己盡可能不想看到的情緒。然而在沒有辦法被這些鮮明色彩包覆的黑暗深處，似乎暗藏著某種嚴肅。就像馬戲團鋼索少女綴滿亮片的底褲會讓人感受到某種悲哀的嚴肅那樣。橫尾先生對於外部世界的關注讓他的作品不至於變成狂人的藝術。他內在世界強勁的發條驅動著這些即物性的諷刺，並且對世俗進行殘酷的處置。在那幽暗深處，不是一個不斷退縮轉往內心的瘋狂世界，而是一片遼闊又充滿訕笑的樂土。」這應是對橫尾忠則本人和其藝術表現最貼切且最精準的評論了。二〇一二年在藝術家故鄉兵庫縣的神戶市成立了一座橫尾忠則現代美術館，就列為下一回藝術之旅的拜訪目標。

進入橫尾館室內光源微弱的售票處，買好門票、也問好下一班公車時刻、寄放好行李，隨即進入了詭譎又精采的藝術空間。拉開巨大厚重的實木拉門，從昏暗的弱光源進入了陽光刺眼的戶外庭園，一座重新打造的日式庭園，庭園中有紅色石山林、金色燈籠、金色的鶴和龜，有貼著藍色和黃色馬賽克的水池與小河，小河從戶外延伸至母屋之中，母屋室內在小河伸入的部分改成了玻璃地板，站在屋內可看見魚兒悠游腳底下，非常奇異且超現實的庭園空間，和隔壁民家僅僅隔著一道牆。

日本建築師永山祐子所設計的豊島橫尾館與高14公尺的巨型煙囪。這裡是享譽國際的日本藝術大師橫尾忠則的專屬展館。

豊島横尾館
TESHIMA YOKOO HOUSE

接著，拉開一扇門，進入了母屋空間，室內需脫鞋參觀，在土間脫下鞋子後，在玄關處搞不清楚方向，工作人員面無表情的比了一下手勢，好糗。這裡展示了多幅橫尾忠則的畫作，巨幅畫作的色澤鮮豔、主題搶眼，精采程度和奇幻空間相互輝映。雙腳踩在全透明的強化玻璃上，下方是庭園的水流延伸，流動的紅色鯉魚就在藍黃相間的磁磚裡悠游著，因為是全透明的，雙腳幾乎不敢用力踩踏的那種戰戰兢兢，更加深了空間給人的力道，走到另一側鋪設榻榻米的空間後，終於可以放輕鬆的坐下來，靜靜觀看剛剛的戶外庭園，室內外的細節呼應的非常微妙。

爬上了又陡又窄的木梯，進入了幾乎全黑的二樓空間，有藝術家的影像作品正在播放，在很壓迫的黑暗中觀看影片，讓人無法久待。走下樓穿好鞋後，再次走出戶外，千萬別錯過了母屋旁那間四面都是鏡子的金屬感廁所，如廁時的緊張感絕對讓你難忘，和傳統民居的溫潤空間感受形成強烈對比。

從另一個門進入了納屋，重點就是可以走進黑色煙囪的內部，又得再次拖鞋，玄關處全黑的圓塔，原以為是要爬上樓梯登頂，結果走進圓塔底部，一進去後讓你沒有預警的再次震撼，這回踏進了讓人又得小心翼翼的鏡面地板，挑高的天花板上也是鏡面，四周圍的圓筒則是貼滿了照片，透過上下鏡面的反射，呈現出幾千萬張圖像的驚人效果，不由自主發出「哇！」的一聲讚嘆，太厲害了。確

踩著不費力的電動腳踏車，是漫遊豊島最自在悠閒的選擇。

實，有專屬的空間用以呈現某位藝術家的作品，的確讓作品與空間互相增色，就好像奈良美智總喜歡為自己的作品親手打造小屋的心情一般。

如果在藝術祭期間來訪，這麼多人次要排隊進來，又拖鞋又穿鞋的，究竟怎麼觀賞，所以，選擇非藝術祭時間，確實比較有參觀品質，整個館從頭到尾就只有我們兩個，但是被館員一直緊盯著的狀態下，也是壓力頗大。這裡不管是永山祐子的建築空間或是橫尾忠則的藝術作品，質量都巨大的驚人，一座值得花時間參觀的迷你美術館。

電動腳踏車

到櫃檯取回行李，狂奔到港口另一側的遊客中心兼售票處，港口不算大，但售票處和登船處相隔好遠，如果要趕船，肯定是來不及了。我們趕上了下午兩點十八分的豊島小巴，從家浦港到唐櫃港，一人二百日圓，又是兩人獨享的專車，小巴在彎彎曲曲上上下下的公路上，一下子就來到完全沒有人煙的唐櫃港，原以為港邊至少也有家小食堂或咖啡館之類的，但一切都沒有。還好，發現了一家電動腳踏車出租店，像是找到救星般的感動，老闆很愛講話的跟我們比手畫腳，最後以一人一千日圓租給我們三小時車外加寄放兩件大行李，做生意算是很老實，我們總算可以順利的往豊島美術館出發。

呼～又喘了好大一口氣，終於可以安心的騎著電動腳踏車，慢慢遊逛豊島，老闆耳提面命的提醒我們幾點之前一定要回來，往這邊騎有什麼藝術品，往那邊騎又有什麼建築。「大丈夫！」我拚命點頭，知道啦。

完全不費力的電動腳踏車，輕輕踩踏即可上坡往半山腰上的美術館，為什麼台灣不生產這種輕量型的電動腳踏車呢，絲毫不費力、美觀輕便、省能環保，都市鄉間都很適用，上坡更是輕而易舉，好想擁有一台，但絕非台灣那種有顆超大電池的笨重造型電動腳踏車。輕輕鬆鬆的就來到了豊島美術館，來到靠左走的國度，一時還不習慣，一不小心就騎到了右邊，還好公路上的車子不多。遊客也不多的九月，騎在只有風聲的公路上，不時看見平靜無波的瀨戶內海，完全的世外桃源景象，真想在此留宿一晚，只可惜找不到合適的民宿、接駁的船班、順暢的行程安排方式。

兩人邊騎邊玩、邊騎邊拍，看著海面上盤旋的老鷹，聽著林間烏鴉的叫聲、蟬鳴的和聲，一個不經意的轉彎處，卵形建築半掩的白色豊島美術館，就出現在眼前，這麼舒服幽靜的鄉間環境，讓人好想再多騎一段路呀。

豊島美術館

下午三點二十分，躺在冰涼的、光滑的、白淨的、安靜的豊島美術館地板

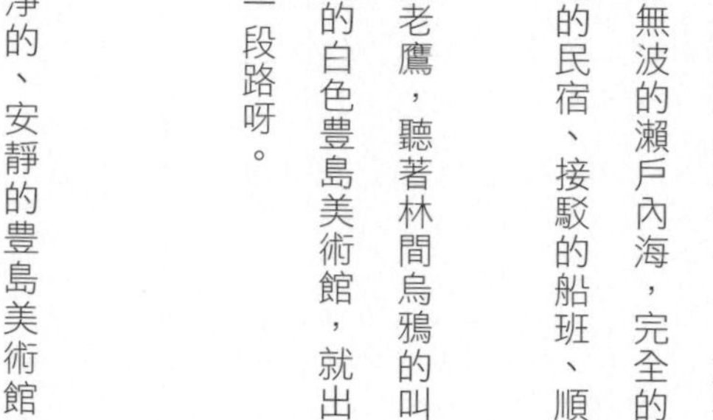

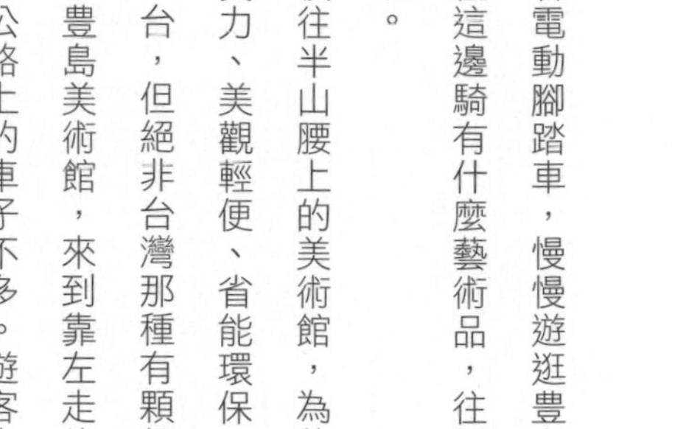

上，一個純粹的、禪意的空間，是由建築家西澤立衛（一九六六—，神奈川縣人）和女性藝術家內藤禮（一九六一—，廣島市人）聯手打造的作品。因為，室內不允許拍照，於是，坐了一會兒之後，拿出了背包裡的隨身筆記本，想記錄下此刻對於這個環境和空間的隻字片語，深怕自己走出這麼禪意的場所後，那個浮現在心中的感覺就會隨風消逝。才寫了二十三個字，穿著白色上衣、卡其色長褲，讓人好有壓力的館員，踮著腳步從對面走了過來，拿出了她包包裡預備的鉛筆，要求我換上這個寫，她小小聲的說：「因為你的筆有墨水，可能會弄髒地板，很危險的！」天啊！這個舉動確實嚇了我們一大跳，走訪世界上各種型態的大小美術館，禁止攝影已經算是很嚴格的要求了，竟然連拿筆寫字都得管制，也只得換上那支寫起來其實會刷—刷—刷—好吵的鉛筆，讓我寫了幾行字後，就被迫放棄。後來有名訪客拿出畫筆想素描，也一樣被禁止，果然是日本人哪，甘拜下風。不過，倒是有三個背著大背包的年輕人，真的在地板上睡了長長的午覺，一定很舒服吧。

剛剛進門前，站在外面樹林驗票的工作人員即開始刻意放低音量小小聲的說話，讓你即刻意識到了這裡，得馬上非常安靜的不能發出任何聲響。這也算是一種儀式，讓訪客保持虔靜的心情，脱鞋踏入純白的空無的水滴型空間中，體驗建築師和藝術家要帶給你的一切。

右｜豊島唐櫃港與不遠處的小豆島。

左｜繞著明神山外圍的路徑進入美術館，一面欣賞瀨戶內海，一面體驗林間的聲響光影，也讓心情由浮動逐漸轉化成緩慢安靜的狀態，是日本建築師西澤立衛的高明設計。

從遠處看，水滴扁平空間似乎不大，一走進去，整個人起了雞皮疙瘩，好像進入了一個不存在的時空，寬敞深遠，不規則的室內空間長邊六十公尺，短邊四十公尺，最高的高度四點五公尺，圓弧形的拱頂之下無任何支柱。屋頂的兩端開了兩個圓弧形的孔，一面能看見樹林、一面能看見天空，除了天光之外，完全隔絕了外在的世界，當你進入了一個非常純粹的空間，待久了，幾乎能看見自己的內心。

空間裡唯一能引人注目的流動物質，就是白色地面上大小不一的水珠，看似自由奔放的在地板上四處流竄著，其實，只要你靜心觀看，就能發現設計者精心策畫了這一切。地面上有微小的孔洞和幾顆小白球，緩慢的從地面下冒出水珠，順著也是設計好的洩水坡度，水珠會沿著坡度行進，匯集成一小水流，如此巧妙的設計與施工，確實讓人嘖嘖稱奇。這個空間適合冥想、適合靜坐，尤其走了大半天的行程，流了一身的汗之後，完全放鬆的躺在冰涼透心的水泥地板上，看著頂部那一小塊天空的光影雲朵變化，聽著外面林間傳來的蟲鳴鳥叫，尤其是夏末的蟬聲，絕對是難以言喻的美妙。

進入美術館前的路徑，也經過設計師精心策畫，從路邊停車處走進來，先經過服務中心的購票處、洗手間、寄物櫃，順著指示走一段設計好的路程，繞著明神山外圍樹林走一大圈，一面欣賞瀨戶內海的景致，一面體驗林間的聲響光影，

上｜坐落梯田間的豐島美術館，全景俯望著瀨戶內海，擁有得天獨厚的外在環境。
下｜豐島美術館商店與咖啡館的鏡射意象入口。

也讓你的心情從外面浮動的狀態，藉由步行過程中的心境轉折，逐漸變成了緩慢安靜的狀態，是一種方式，也是一種儀式，實在高招。

這一天的天氣雖然悶熱難耐，但在進入完全不用空調的美術館之後，竟然是無比的舒適涼快。我們到訪的季節和時間很剛好，偌大的空間裡，僅維持約十名訪客，可以充分感受到建築師和藝術家所要傳達的禪意，只是安靜的連走路時褲管摩擦聲、鉛筆寫字聲，都讓人覺得可怕的大聲。還好，戶外傳進來的蟲鳴鳥叫分貝更高，稍稍掩飾了空間中的尷尬。

空間裡僅有兩個圓孔，一個望著天空、一個對著樹林，對著天空的圓，能稍稍看到也是刻意種植的三棵樹，隨風搖擺的樹梢，是安靜異常的畫面中唯二的動態元素。我們就坐臥在四周全無阻隔的地板上，看著那個圓外面的天空和樹影，看著偶爾飛過的雲朵和老鷹，這手法有點類似美國藝術家James Turrell。在近乎虛無迷幻的空間裡，可以靜靜的坐上很久很久，想很多的事情，完全不會急著想離開。如果沒有那位館員直盯著你看的話，相信會更自在的。

只是，設計師沒考慮到入口處要脱鞋和設置鞋櫃，也需要一個可遮雨的玄關，所以後來又加了一個臨時搭的白色棚子，實在有點格格不入。

這趟藝術建築之旅，相較於以往在歐陸的經驗，最特別之處就是，全程的室內空間都禁止拍照，毫無例外，因此，此行所參觀的大小美術館裡都沒有留下一張照片，只能用「心」把它們記下來，這樣的方式有好有壞，好處當然是在寂靜的空間裡如果大家都發出喀喀喀的快門聲，絕對是破壞了該有的風景，但對習慣拍照的我們，和一路密集參觀的行程來說，是一大考驗，因為，空間裡的風景那麼美，回家後沒有可供回憶的影像。歐洲相對於日本，是塊比較人性、自由的土地，在美術館、博物館裡攝影，幾乎是不會被管制，頂多告訴你禁用閃光燈。

從美術館走出來，循著小徑，來到另一個比較小的也是白色的圓形空間，像鑽進洞穴一樣的，僅一人能通過的窄窄小門兩側，以鏡子無限反射，這裡是美術館的商店和咖啡館，展售一些跟美術館相關的書籍和紀念品，也賣輕食飲料，空間的焦點是一圈圓形的桌子或椅子的裝置，可以坐在那一圈圓上，也可以坐在地板上，上面透著剛剛好的天光，絕對是個迷人的空間，裡面僅有兩名穿著白色制服的館員，我們就坐在白色地毯上，透著天光，寫了一張明信片寄給自己。而且，總算是可以拍照了。

二〇一〇年秋天開幕的豐島美術館，坐落於公路旁的梯田裡，海拔高度約一百五十公尺，視野寬廣的俯視著平靜的瀨戶內海。一大一小的白色卵形建築與周圍因為計畫而復耕的梯田景觀融為一體，低調隱約的覆入地底，扁平式的設計，雖是純白的外觀，卻完全融入綠色的樹林和梯田地景中，毫不突兀。毋庸置疑的，豊島美術館的成功，除了建築與藝術作品的完美結合之外，基地絕佳的選址與充分融入環境的景觀設計功不可沒。一個完全顛覆美術館意象的美術館，你可以或躺或坐或走，用自己喜愛的各種角度「觀看」這座一無所有的美術館。它的完美設計就像是呼應了人生存的基本要素，陽光、空氣、水，徹底的純粹，但又隨著天空的雲朵會變、水滴會變、光線也會變，就像平凡生命中不斷出現的細微改變。

侘寂 vs. 大和民族

德國設計大師奧托・艾舍（Otl Aicher，一九二二—一九九一）認為，「不僅只有哲學是更高的觀念，建築也是，是預先形成的觀念，可被理解為國家的寫照。」那日本這個國家的當代寫照是什麼？或許就是設計大師原研哉一直強調的「白」、「空」、「無」等境界吧。若有人問起，豐島美術館到底想要呈現什麼面貌給來訪的人？或許可以這樣回答，這裡販的是「空無」，賣的是「禪意」。在走訪的過程中，腦海中一直浮現的竟是原研哉在其著作《白》中的字字句句，當然出現了一些谷崎潤一郎在《陰翳禮讚》中的某些觀點作為對比，或許這樣才得以解釋那些從表象難以察覺的文化底蘊吧。

明治時期的美術家岡倉天心（一八六三—一九一三，橫濱市人），於一九〇六年出版的英文著作《茶之書》（The Book of Tea）中出現了Wabi-Sabi這個名詞，積極向西方國度宣揚大和文化，因此想探究大和文化，嘗試理解「侘寂」（Wabi-Sabi）這兩個抽象的字眼有其必要性，「侘寂」代表了大和民族在西元十四世紀以降的美學觀點，廣為人知卻難以言喻。雖然執著於大和美學的西方人李歐納・科仁（Leonard Koren，一九四八－，紐約人）認為，「在美學的國度裡，理論永遠次於美學。」他還是竭盡所能的將Wabi（侘：生活方式、內向性、哲學建構、空間性事態）與Sabi（寂：具體物質、外向性、美學的理想典範、時間性的事態）這兩個字解釋清楚。誠如他在書的開頭就闡明的，「Wabi-Sabi是一種事物不完美、非永存和未完成之美。是一種審慎和謙遜之美，亦是一種不依循常規的隨興之美。」這裡頭有無常、變化、彈性之意，也表現在大和民族的建築空間營造上。

西方的李歐納・科仁對於侘寂的見解，似乎與東方的谷崎潤一郎及原研哉有某種程度上的共識，也成了我們此行看待日本的參考依據，特別對於那些島上的藝術與建築作品的解讀大有幫助。因為說出了「美，是我說了算。」而引來殺身之禍的日本茶聖千利休（一五二二－一五九一，大阪府堺市人），強化了日本茶道的精神，除了茶本身，在空間精神的營造上，總是極盡所能的藉由空無來喚起人們的想像。因此，簡樸與隨性的空間觀達到極致，也因為頌讚空白的存在，讓最小的陳設或裝飾引起人們最多的想像，最終達到一期一會的境界。因此，不管是西澤立衛或內藤禮，他們作品的呈現應該也脫離不了這些根深蒂固的美學觀點吧。

黑與白

原研哉認為，顏色是一種文化。「白不是白色，而是一種感受性，白等於醒目，等於神聖性。」用他的論點來看待西澤立衛的作品，或許恰到好處。誠如他所述，「白是在發掘空的過程中勢必會產生的，描述空之前須先了解白。唯有提升對於白的敏感度，我們才能發現世界更多耐人尋味的美好。」那些對於空蕩蕩的美術館空間百思不得其解的人，他也提出了解釋，「空白並不代表『無』或是『不含能量』，反倒充滿了『無限未知的可能性』……在虛無中，某些徵兆與創造性的能量即將釋放。所謂什麼都沒有，也代表具有被填滿的可能性。」

「白色具有強烈喚起物質性的質感，就像空隙留白一樣包含時間性與空間性，也包括了『不存在』與『零』這類的抽象概念。」「白因為短暫，所以有強烈的美好，因為容易髒，難以保持潔淨，因為不存在，有時反而比存在具有更強烈的存在感。」把「白」這個字提升到與「光」及「時間」一樣的哲學境界並大力倡導，不管是基於行銷考量或真的是總結了自身文化的獨特性，原研哉的論述對於我們來說，在旅行的前中後都給了我們許多思考的面向，也讓我們有機會重新審視在不同階段發生的日本旅行。

不管是白（明亮潔淨）或黑（陰翳神秘），都是廣為人知的日本文化中的美學意識。不管是谷崎潤一郎所強調的幽暗，或是原研哉強調的亮白，其手法都是藉由

安部良所設計的島廚房，販售採用在地食材的家常料理。不巧抵達時，已經打烊。

「空」(emptiness)、「對比」(contrast)、「時間感」(time)、「光線」(light)讓美好的事物被突顯、被發掘、被注視，進而激發想像，而這些理論與西方的現代主義精神，其實有異曲同工之妙，也都是當代設計專業者所欲追求的樣貌與境界。

黃昏的心臟音

從早上一路走到這裡，才發現為什麼日本人的鞋子大多都不綁鞋帶，即使是設計有鞋帶的鞋子，多半也都附上穿脫容易的拉鍊，因為他們得在各種空間裡穿穿脫脫，我們這一路真的綁鞋帶綁到快翻臉了。

從美術館出來後，再次看到瀨戶內海，有種無可言喻的開闊舒暢感。看看時間還夠，決定繼續往山坡上騎，來到了唐櫃庄。在迷宮般的村莊小路上，找到了安部良(一九六六－，廣島人)設計的「島廚房」(島キッチン)時，剛剛好是打烊時間，屋子裡的人冷冷地看著我們，這是一棟民宅改建的開放式廚房，也是藝術品之一，從民宅延伸到戶外圍繞著大樹的木平台，從照片上看來非常吸引人，以當地食材為主，由村民和東京丸之內旅館主廚合作開發的菜單，只可惜我們來的不是時候，無法品嚐小島風味餐。唐櫃庄很值得一逛，其中最知名的就是「唐櫃の清水」，一處天然湧泉。

雖然原廣司感嘆著，對比起世界的大小聚落，大多數的日本聚落總是寧靜無

右｜「心臟音」作品的專屬空間，建築立面採用當地特有的燻黑木材做質感呈現。
左｜法國藝術家Christian Boltanski位於安靜海濱小屋中的作品「心臟音」。

聲，聲音就像被吸走似的。但也因為這樣，一丁點的聲響就足以引起注意，就像他們跨年夜的大小寺廟，總是輕輕的以幾響鐘聲來迎接新年一般。傍晚五點整，港口村落的擴音器傳來了「桃太郎」的旋律，感覺就像是電影〈村之寫真集〉裡演的那樣，時間一到就會響起「奇異恩典」的輕柔樂音，迴盪在極安靜的開闊農村裡，村落就像是個大家庭般，全都依著規律的作息日復一日。台灣的聚落相對來說，背景噪音總是不斷干擾著，要享有片刻寧靜實屬不易，這也就是為什麼光是遠遠的站在山坡上，聽到微弱的樂聲會讓人如此感動的原因，可能也和宣告燠熱疲勞的一天終將結束有關。

還差半個小時，下坡回到港口，經過租車店時，老闆站在路旁和鄰居們閒話家常，他從口袋裡拿出了計時碼錶，示意我們時間還沒到，用手指示我們往海濱的「心臟音」作品。港口邊的聚落裡也藏了不少藝術品，經過了村莊邊緣的鳥居後，就沒有房子、也沒有指標，僅有海濱的防風林，心裡開始懷疑，是不是走錯路了？在沙灘旁見到了一隻耳朵被咬爛的小狗，心裡更毛了。

終於，在海濱看見了不算是停車場的停車場，停了一輛應該是工作人員的六百ＣＣ輕型汽車。停好腳踏車後，又狐疑地快步走過一段防風林路徑，如果這時候是一個人，應該不敢再往前了。心臟噗通噗通跳時，終於，看見了「心臟音」的黑色小房子和前方那片讓人安心的大海。時間剛好過了五點整，工作人員已經

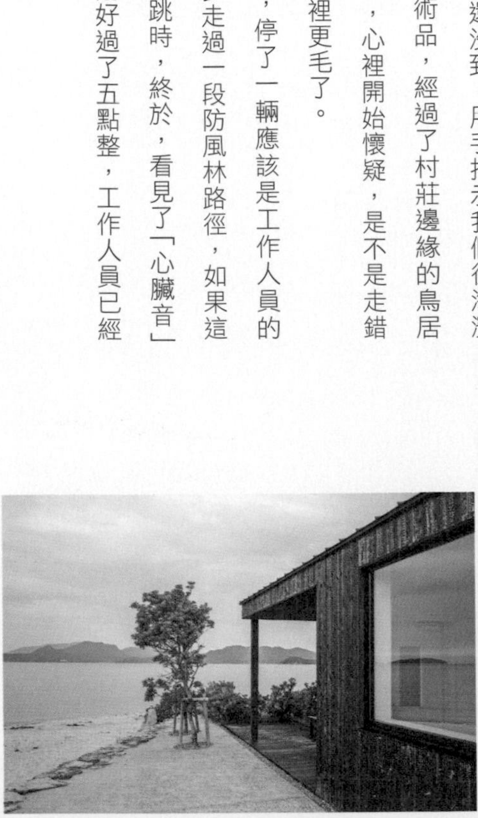

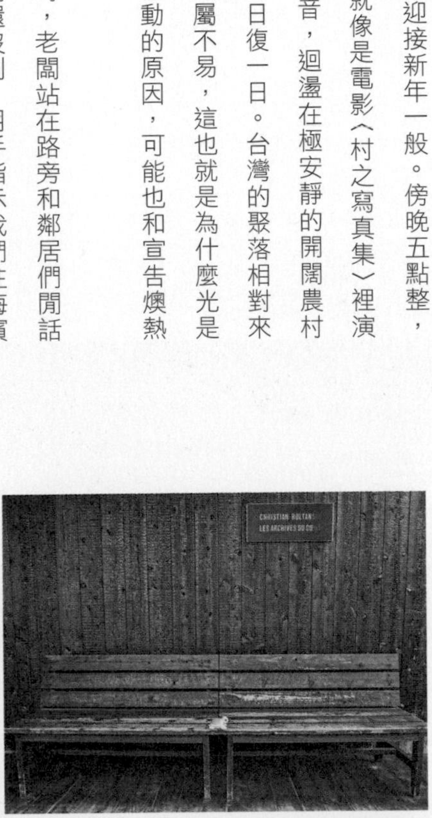

把玻璃窗上closed的木牌掛上，我們又來晚了。很冷酷很守時很一板一眼的日本人，當然是不會搭理我們，連個眼神都不願和你交會。很想進去聽聽法國藝術家Christian Boltanski（一九四四－）收集了世界各地的許多人的心跳聲，也想記錄一下自己的心跳聲，看著心跳隨著燈泡閃爍的奇妙感。心臟音小房子前的寬闊白色沙灘，又美又靜，感覺像是會有海龜上岸產卵的那種祕境氣氛。但是，傍晚又開始被蚊子大軍攻擊了。

騎回村莊，途中還去投了六個籃框的籃球架（No one wins：Multibasket），這是西班牙藝術家Jasmina Llobet & Luis Fernández Pons給島民和遊客玩樂的藝術作品，可以一次讓很多人一起投籃，各自以自己的方式玩樂。接著，火速趕回港口還車，走到港口左邊的老舊木造售票亭跟一位白髮老阿公買好船票，在自動販賣機投了一罐冰茶，越過停滿小漁船的碼頭，來到港口右側候船。總算，可以停下來喘口氣了，狂奔完兩個小島，與預計的行程相距不遠，只是，比想像中的要精彩太多太多，絕非精美作品集裡的圖文能傳遞給你的畫面和描述，非得你親自到島上走一遭，才能感受到這些作品所欲傳達的強大能量。

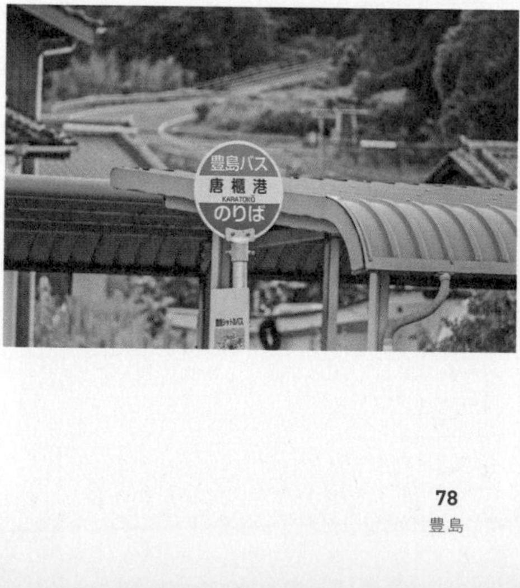

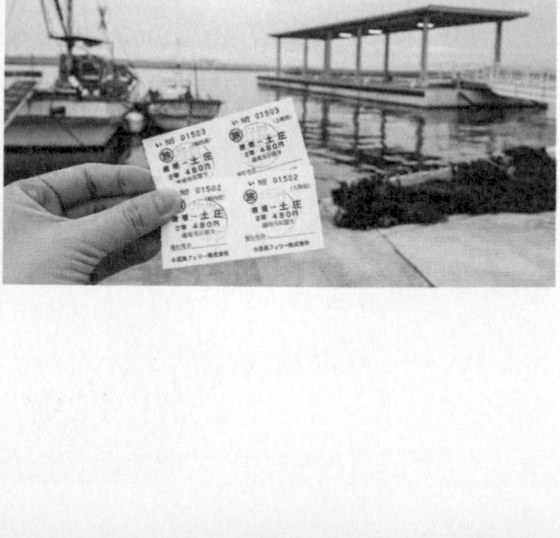

唐櫃庄港真的是個可愛的地方，說是候船處，其實什麼也沒有，連一張可以坐下來的椅子也沒有，這個時間等船的都是當地人，大家非常有默契的以一種安全距離等距的蹲坐在碼頭邊水泥高差的地上，只有我們兩個是拉著大行李的外地客，很原汁原味的小島風景，還沒有因為這些年增加的觀光客而有太大的改變，希望它能這樣繼續保持下去。坐在港邊等船，悠閒的吹著海風，啃著前一天在岡山超市買的土產煎餅，還好跳島之前買了一點食物帶著，救了我們一整天的趕路行程。

五點半，高速船載我們一路往東，繼續前往下一座島。很幸運的，今日無風無雨也無雷，更沒有浪，船隻很平穩的載著我們在海上小島間跳來跳去，只是，天氣異常悶熱，有個熱帶低壓正從日本南方海面通過，還好它的路徑沒有偏北，聽說廣島一帶又淹大水了。◆

小豆島

千枚田

橄欖

虫送祭

天使散步道

農村歌舞伎座

天色微暗的夏日傍晚，

走一回千枚田間的虫送祭，

看一回農村歌舞伎座，

觀賞天使散步道的夕照美景，

接著是東方橄欖之島的素麵與醬油，

旅途中最生活的體驗。

夕陽餘暉的金黃天光中，快船開進了小豆島土庄港，對比起犬島、豊島，小豆島顯得巨大，港口規模也不小，分成了高速船碼頭和大船碼頭。跟著乘客們火速下船，日本人上下船的效率超高，當你還在碼頭上搞不清楚東西南北時，船已經又搭載好下一批旅客，遠颺了。

小豆島是瀨戶內海中的第二大島，大概是範圍廣了，翻開手冊上藝術祭作品的數量其實不在少數，但總覺得整體的藝術氛圍被地廣給稀釋了。為什麼會選擇來小豆島呢？除了觀看藝術作品，電影〈第八日的蟬〉（八日目の蟬）中的許多畫面，或許是那股默默的推力，此外，島上的橄欖樹、素麵、醬油等產業，可算是四國香川縣非常知名的地方特產，甚至在台灣的進口超商也都能購得，讓人很想親臨一探。

土庄港

下船後的夕陽正美，我們不急著找公車往民宿，反倒留在港邊的平台上，欣賞一天中最浪漫的夕照，看著大小船隻來來去去，也看著兩側碼頭的旅客和車輛上上下下，當然，平台上有藝術家崔正化的作品，光是碼頭邊的風景就讓我們駐足許久。名為「太陽的禮物」（太陽の贈り物）的藝術品，以小豆島當地的特產橄欖葉為題材，製成一圈金屬桂冠造型，每一片金色的葉子上，都有島

右｜小豆島土庄港。
中｜崔正化作品「太陽的禮物」。
左｜小豆島土產，醬油汽水與橄欖葉汽水。

民對未來寄望的文字刻劃，低調又有份量，細節也多，是個簡潔有力的公共藝術，放置碼頭迎賓送客非常恰當，尤其黃昏後打上燈光，在海港夜色中更顯作品的氣勢。

台灣對於韓國藝術家崔正化（一九六一—）應該不陌生，二〇一三年的桃園地景藝術節，崔正化的蓮花系列「Thank you flower」和草間彌生的點點系列「生命的足跡」（Footprints of Life），以及佔據所有新聞版面的爆掉的黃色小鴨，分據新屋的三座埤塘，蓮花系列也曾在二〇一三年台北粉樂町中展出，後來移師到華山文創園區，二〇一四年在台南三二一巷藝術聚落也有大型的森作品，都引起不少迴響和矚目。崔正化擅長使用低廉的塑料和俗豔的色彩，大膽的以和諧或混亂的形式呈現作品，他有句座右銘是「My art is your heart.」希望以藝術呈現每個人內心的想望。不過，土庄港的這座橄欖葉桂冠，實在太不像崔正化慣有的大膽風格與材質表現，顯得端莊有禮且有質感，但我們非常喜歡。

一直待到天色全暗了，才捨不得離去。找到港口前的公車站牌，狐疑地等了好一會兒，夜色中，一輛公車緩緩駛來，卻不是我們要搭乘的路線，司機說有停靠我們要去的附近，讓我們安心上車，車上就我們兩名乘客，在幽暗的街道上，駛往未知的路徑。

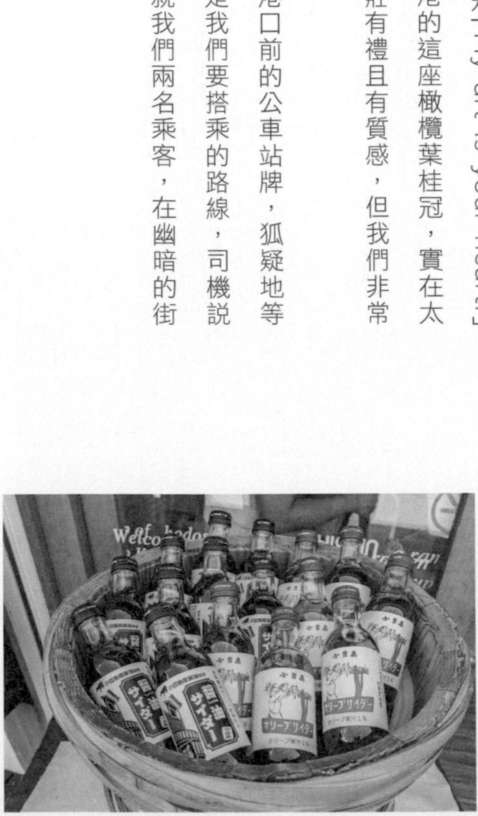

Pizza民宿

日本公車司機的素質非常良好，客氣有禮貌是最基本的，一定等待所有乘客都坐定位了，才會慢慢啟動，不像大台北的公車司機，非要所有人都在他每個紅綠燈路口、每個停靠站前緊急剎車時摔出去，才心甘情願似的，每每看到年紀大的乘客都替他們捏把冷汗。車子經過了土庄的市中心，不少店家還開著，之後轉進了一片漆黑的非商業區，我們在「八幡橋前」下車，拉著行李走在橄欖大道（オリーブ通り）上，這是島上最重要的一條大路，只是路上所有店家都關門了，已經餓了一整天，這下可慘了。

在沒有店家營業的大馬路上，經過燈光亮著的一處小廣場，仔細一瞧，竟是長長一整列的白米自動販賣機，售有各種不同的米，這島上的居民有如此迫切需要買米嗎？雖然又累又餓，看到這一幕還是忍不住又從背包裡拿出相機拍了張照片，連米都需要自動販賣機的奇異日本社會。

又繼續走了一小段路，終於看見了招牌微亮著的Pizza店，預定的民宿就在二樓，在民宿進出口的側邊按了門鈴，年輕老闆從Pizza店出來接待，還是一貫冷冷的日本人口吻，想起了行前寫信請他協助租車事宜，他竟不願意幫忙，當時就不太喜歡他了。進門後，在狹窄的玄關前脫了鞋子，提著行李走上陡直的木造梯到二樓，老闆簡單介紹環境和使用方式後，又下樓去烤他的Pizza。

二樓民宿不像一樓Pizza店經過全新改裝，看來我們是被網路上的照片給吸引了，民宿空間還是原來旅館的老舊樣子，看似有六個房間，有洋式、有和式，我們訂了和式，也就是榻榻米，房間算是寬敞，該有的也都有，只是一切都不那麼講究，而且這類和式空間的浴廁都在房門外，對當時累得半死的我們來說，確實有點麻煩，但我們可是被歐洲青年旅館訓練過的，日本民宿已經算是非常舒適了。

丟下行李，趕緊出門找吃的，決定前往剛剛經過的市區方向，應該比較有機會吧。跨越了海峽上的橋，沿著全世界最窄的「土渕海峽」，走在漆黑一片的人行道上，附近有所土庄高校，學生們還在課後的社團活動，島上治安應該是很好吧，女學生放學可獨自走在這樣的暗路上。小豆島本島（稱之為渕崎）和前島（稱之為土庄）之間，其實有一道長二·五公里的海峽分隔兩座島嶼，雖說是海峽，最窄處僅九·九三公尺，所以被認定是全世界最窄的海峽，當地政府甚至還推出泳渡海峽證書的觀光賣點，所謂的海峽其實就像是一條小河。

我們走了好大一圈，市中心怎麼已經全暗了，感覺像宵禁一般的暗，沒半個人影，也沒半盞燈光，甚至走過了西光寺的五重塔及周邊知名的迷走區。暗巷中唯有燈光的兩處，竟是英語補習班，沒想到小島上的學子們也是這麼辛苦。走著走著，來到一個幾乎沒有燈光的ㄇ字型港邊，繞了好大一圈，又回到民宿前的

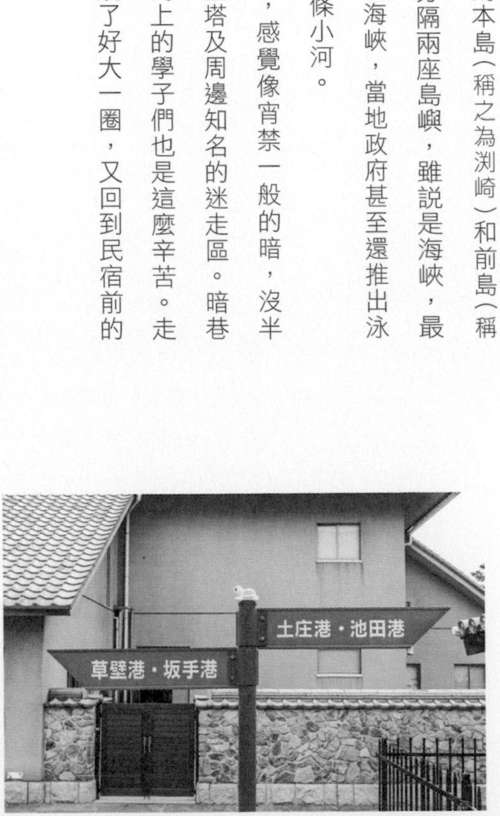

那條大馬路，來到了剛剛從遠處就可看見的7-11，此刻已經站在店門口，晚餐，就只能靠它了。這附近有大型的藥妝店、童書店、柏青哥店、居酒屋，氣氛很詭譎。買了店裡最貴的兩碗泡麵，「一風堂」和「山頭火」，再加布丁、咖啡凍、兩根香蕉、兩罐冰啤酒、兩罐礦泉水，這樣，總不會餓著了吧。

一整天下來也累昏了，只想喝個熱湯麵，回到房間用快煮壺燒開水，一邊吃泡麵、吃水果，喝啤酒，一邊整理行李、下載照片，洗完澡後，看到隔壁房客正在洗衣服，走廊上有好幾根曬衣架，那也來洗一下，結果，不小心又弄到半夜，可是今天一整個行程實在太精采，不打開筆記本記錄一下怎麼行。旅行，真的是一種自虐的行為，旅途中每天都是倒頭就睡的累人狀態，根本無法體會旅館或民宿的床鋪是否舒適，而且還能深深熟睡到天明。

晨光朝食

民宿在旅遊書上的介紹、網路上的照片看起來還算ＯＫ，特地訂了和室房，其實就只是很普通的假裝的榻榻米，毫無特別之處，還好有附早餐，希望朝食很豐盛，不然就殘念了。早上五點多自動醒來，窗外陰天多雲，昨晚來時黑壓壓一片，早晨望出去，才知道這附近被群山環抱著，山邊圍繞著濃淡不一的晨霧，美極了，不一會兒，竟下起雨了。

難得悠閒的在民宿享用日式早餐。

依約七點半下樓用餐，從另一側連通一樓Pizza店的梯子往下，穿上天空藍超厚重的室內拖鞋，全新裝潢過的木梯位置是在店門前靠馬路邊，光線非常好，不同於二樓老舊的住宿空間。這時候，天氣一掃五點多的陰雨，太陽又出現了，Pizza店的氣氛還不錯，住客朝食就在這裡享用。昨晚觀察，應該三個房間有住客，對門是個年輕單身男子，隔壁的隔壁則是一對年輕男女。果然，老闆已經準備好間隔的三張桌子，早餐是原本經營這家旅店的爸爸準備的，待客態度明顯比昨天的年輕老闆客氣有禮，傳統的日式早餐，一壺熱茶、一鍋飯、一碗味噌湯、一盤各式配菜，有煎魚、沙拉、漬物、蛋，營養豐盛，吃起來的口感就像看起來這麼漂亮，毫不虛假，總算是平衡了我們對民宿的不客觀評價。

我們最早下樓，獨享這個晨光乍現的用餐空間，舒適的木地板和家具，就像在家一樣舒服，帶著睡不飽的浮腫臉頰和雙眼，總算可以慢條斯理的吃頓早餐，不用再趕船班了，兩個餓鬼竟把一整鍋飯都盛光了。快吃完時，對門的年輕男子也下樓，穿著襯衫、短褲和不協調的白襪，日本人似乎不能露出腳趾頭，不管男女老少，不管什麼衣著，一定有襪子遮蔽腳趾，就連女性穿涼鞋時穿的透明絲襪，前端絕對是完全不透明的，看起來好違和。

原本帶著筆記本，準備在光線好氣氛佳的餐廳，補寫這兩天的旅記，吃完飯後，看著外頭天光如此亮麗，可不能浪費呀，還是趕緊回房整理行囊，出門探險

去吧。

把兩大件行李寄放在民宿，步行去八幡橋前等公車，早上的橄欖大道好熱鬧，店家都開店做生意了，原來也有不少吃的店，只是晚上不營業。從昨晚到現在，一直無法決定要從島上眾多的公車路線中先搭哪一條，因為沒租到車子，得盤算好哪一條接哪一條，加上公車班次不頻繁，確實很麻煩，不過，這也是旅途中的樂趣之一，我們算是很能享受這種麻煩的旅人。

橄欖公園

島的尺度變大了，也不易看見邊界或海濱，反而沒有在小島上的感覺，人變多了，生活也便利了，獨特性自然就少了一些，這是初來乍到的我們對於小豆島的印象。

最後，決定先搭往南邊最熱門的路線，第一站選擇了著名景點「橄欖公園」，「八幡橋前」這一站很重要，幾乎每條公車路線都會經過這裡。有了昨晚的經驗，終於搞懂搭公車的方式，從後門上車，先抽一張「整理券」，上面會印上一個號碼，公車前方有個螢幕，快速變化著你的號碼所對應的票價，跳的速度超快，幾乎像是計程車跳錶，手上得拿著一把零錢找數目，讓人心神不寧的公車計費系統，一段一段計算不是比較簡單易懂嗎？為什麼需要如此精準？每一站都不同價格，好累人。

很快來到「公園前」這一站，多數遊客都在這裡下車。對街靠海的那一側，有棟超大的遊客中心，就像是台灣國家公園的遊客中心，瀨戶內海是日本三十座國家公園之一，成立至今剛好滿八十週年，因此今年有不少慶祝活動。

同樣是大海，在地球的各個角落長相不同、調性也不同，瀨戶內海屬於乾乾淨淨、安安靜靜的那種，瀨戶內海的自然風光自然不在話下，三千多個大小島嶼與礁石有機分布在平靜的海面上，每個島嶼各有多元的人文風情，是她最吸引人之處。瀨戶內海上最大的島嶼是東邊的淡路島，但人口最多的則是有三萬人的小豆島，島上的面積約一五三平方公里，相當於金門縣的大小，但金門縣設籍有十二萬七千多人，常住人口也有五萬多人，因此比起金門，這裡還是清幽許多。

走進大而無當的遊客中心，像是公務員的服務人員坐在玻璃窗口裡，面無表情的看了我們一眼，走進沒有空調也沒有足夠光線的展覽大廳，隨意看看，也隨意拿了一些觀光折頁，資訊算是非常豐富，遊客想去的該去的路線都有紙本摺頁，唯獨沒有那張我們最想要的〈第八日的蟬〉電影路線圖，好可惜。旅行出發前一晚熬夜看了這部電影，把小豆島拍的美極了。

此刻，外頭陽光非常毒辣，望著山坡上的橄欖公園，實在很沒力，決定在陰影處多坐一會兒。遊客中心的前方就是大海，一如往常平靜的瀨戶內海，海面上

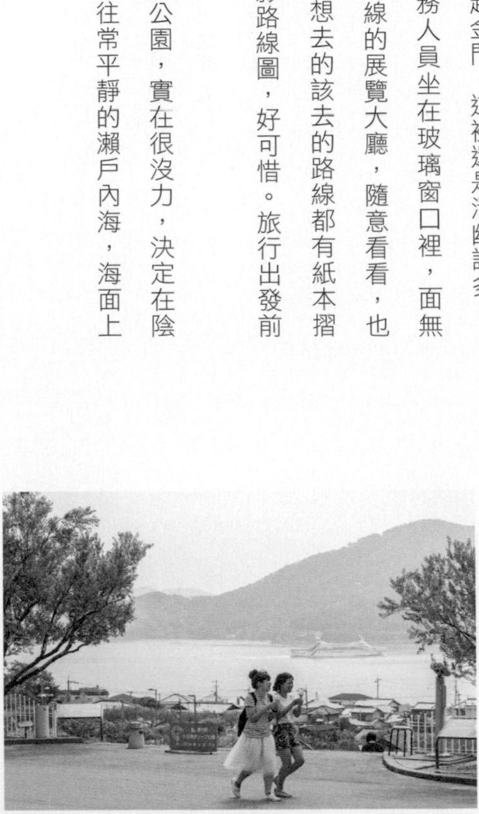

橄欖公園。

逆著光，有數不清的我們認不出來的島嶼，大島小島在強光的海水反射之下，一層又一層，大小船隻來來去去的黑色剪影，光是這幅景象就夠感動人了。

撐著傘、戴著帽子、穿上袖套、戴起太陽眼鏡，還是往坡上的公園走去，橄欖公園沒有想像中大，橄欖樹也沒有想像中多，倒是仿地中海式的白色風車前的視野，比想像中美，忍著被曬傷，也要在這裡多拍幾張照片，風車旁有一棵昭和天皇在一九五〇年種下的橄欖樹。這裡是個很大眾化的觀光景點，吸引了不少遊客，香草園裡有家很英式的雜貨鋪，不少年輕少女興奮的拍照購物，原來，這裡是在小豆島拍攝的〈魔女宅急便二〇一四〉真人版電影中，魔女Kiki工作的麵包店。老實說，遊客中心裡的商店就像我們俗不可耐的名產店，買了一瓶小豆島的橄欖葉汽水和一瓶橄欖葉冰茶，在汗流浹背之下入喉，竟完全沒有太大的感動，就只是甜甜的汽水嘛。看看周遭每個遊客人手一支橄欖葉冰淇淋，還是放棄這個甜膩的嘗試。

日正當中，熱到不行的狀態，躲在遊客中心裡吹冷氣，休息了好一陣子，補寫一些零星的筆記，看好了公車時刻才步行下山，這裡唯一的優點就是能登高展望的好視野。從土庄到這一帶的南部沿岸，開發的太過頭，幾乎失去了小島該有的純樸風情，讓在大熱天走路的我們，越走越沒力，上午算是賭錯公車路線了。

站在橄欖公園的仿地中海式白色風車前，得以盡覽瀨戶內海的多層次海景。

中山，千枚田

決定搭回「八幡橋前」，再轉搭另一條路線往「中山」，午餐決定去中山找一家遠近馳名的鄉村食堂。

往中山的公車班次很少，錯過了中午這班就得再等三小時，心裡盤算著在中山午餐、走一走梯田、看藝術家王文志的小豆島之光，剛好可搭上回程公車。這一路盡是舒適宜人的田野風光，對比起剛剛南岸的路線，心理與視覺都好太多了，這才是想像中的小豆島風景，其實，到中山的距離不遠，公車路線也才六公里左右，只是，公車班次少的可憐。

十多分鐘就抵達中山農村歌舞伎前的公車站，另外兩名遊客也一起下車，小豆島之光就在路旁下方的谷地中，決定先午餐吧。但是，下車後傻眼了，正值午餐時間，站牌邊的「こまめ食堂」竟然是關門的，食客們望著沒有燈光的內部看了又看，大家可是千里迢迢來到這裡，竟吃不到這一頓小島上的農村食堂午餐。

位在Y字形交叉路口的食堂，屋前屋後都臨路，樸實無華的鄉村小食堂，地點非常好，屋旁有大樹環抱著，門前有村莊的公布欄、郵筒、公車站牌，旁邊還有一家同個老闆開的雜貨店，一旁就是古蹟春日神社和中山歌舞伎座，周圍都是小豆島特有的千枚田景觀，近來又有王文志的「小豆島の光」的藝術光環，所以，即便在如此荒郊野外，還是吸引了不少世界各地的遊客前來，包括我們。

右｜春日神社前的中山農村歌舞伎舞台，是有形民俗文化財。
左｜こまめ食堂。

王文志（一九五九ー，台灣嘉義縣人）的小豆島の光，是以五千根當地產的竹子，和村民一起協力編織的巨大構築，高十四公尺，夜晚還有LED燈光照明，空間裡可以隨興參觀或舉辦表演活動，是一座非常吸引人的藝術品，這是王文志第二回受邀前往藝術祭創作。這個編織建築的手法在台灣也看得見，台北花博的「台灣庭園館」，嘉義市蘭潭的公共藝術「月影潭心」，嘉義市阿里山林業村的公共藝術「森林之歌」，台東市海濱公園的公共藝術「摘星樹」，其中和小豆島之光感覺最相似的就屬內湖的「碧湖織屋」，多年前我們曾採訪過藝術家本人，因此特別關注他的作品。

很不甘心的在小食堂前後繞來繞去，忿忿不平的碎唸著。短短時間內，大概有十組跟我們一樣專程前來用餐的客人，全都狐疑的看著大門深鎖的幽暗食堂，只見玻璃窗上有張紙條，大概是寫著老闆去參加祭典排練活動，所以今日公休。只是，大多數遊客都是開著車來的，剛剛和我們一起下車的那兩個女生，非常機靈的又跳上已經從終點站中山回頭的公車，走了，只留下我們呆呆的望著眼前美麗的梯田景觀，躊躇著接下來該怎麼辦才好。這時，又來了四部九十CC的HONDA金旺機車，四位年輕男生各騎不同的車色，看他們的車牌，難道真是從九州一路跨海騎來的？他們也想嘗嘗這家食堂的美味料理吧。

但是，這裡風景、氣氛很迷人，實在不願意就這麼離開了。

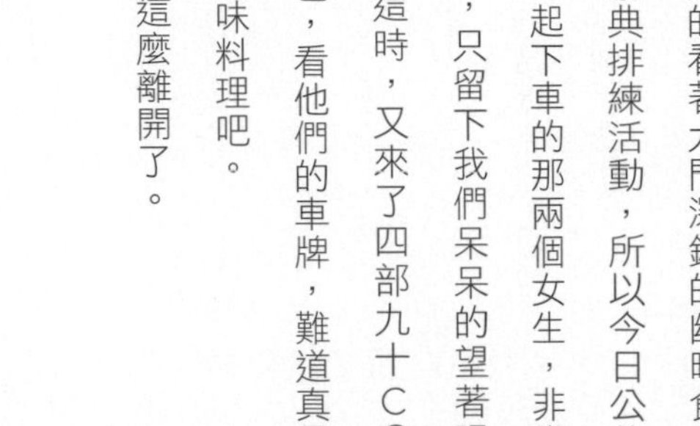

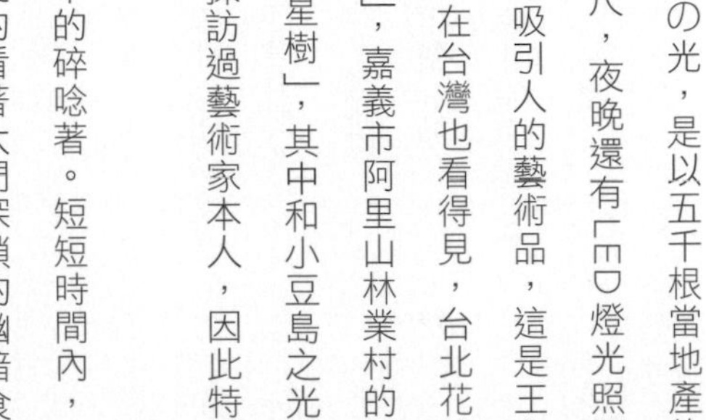

跨進路旁的迷你烏居，走上幾階石梯，被大樹圍繞著的春日神社，樸實靜謐，神社在坡上，隔著一塊大草地，低處就是中山歌舞伎座，這裡可是天皇曾經來看過劇的地方，這一幕也曾出現在〈第八日的蟬〉電影中，參天綠樹包圍下，烈日當頭的這裡竟是涼快的，我們坐在神社前，對著歌舞伎座，假裝在看劇。中山是個尺度宜人的鄉間，神社周圍四下無人，卻不感覺陰森，反倒是舒適幽靜。但是面對著樹林外頭的千枚田，懷疑自己要在這麼熱、這麼餓的狀態下，去走山坡上的梯田嗎？還好，公車站前有一部自動販賣機，還不至於渴死。

坐在神社前的陰涼處仔細的看著地圖，想要找到一絲絲希望，但似乎沒救了。沿著天皇曾經來此視察走過的梯田路徑往上走。千枚田的風光之美，在谷地上一小塊一小塊面積種植的稻田，前所未見的景觀，美到幾乎讓人忘了烈陽和午餐。台灣幾乎已經沒有梯田景觀了，八煙、三芝、貢寮和東海岸的梯田面積都算迷你，中山的棚田確實壯觀，而且坡度很陡，此刻正值稻穗飽滿的收成季節，黃澄澄的稻海在風中跳著波浪舞，美極了。如果，能在這裡遇上「虫送り」傳統祭典，就真的太完美了，已經在島上延續三百多年歷史的祭典，在天色微暗的夏日傍晚，村民們拿著火把，從春日神社出發，繞著梯田裡彎曲高低的田埂，一種驅蟲祈求豐收的儀式，原本已漸漸式微，經過電影〈第八日的蟬〉的取景之後，大家又重新體認到傳統祭典的重要與美，也因為藝術祭的觀光，被遺忘的傳統祭典竟

中山的千枚田，是小豆島上最值得一覽的鄉土風光，黃澄澄的層疊稻海，也是舉行夏日傳統祭典「虫送り」的場域。

又再次復活。而電影中帶著小女孩逃亡到小豆島的女主角，也因為參加祭典不小心被媒體拍攝到，最後被警方逮捕，從東邊的福田港引渡回本州，結束了原以為可以在小島上安適過活的想像。

沿著地圖上標示著的一家麵包屋，往山坡方向走去，想說會不會有一家鄉間窯烤麵包屋出現，可以拯救快餓扁的兩個旅人，在烈陽下不斷的上坡，終於在很窄的產業道路上來回兩次找到了麵包屋，結果，也是沒開，只是，這不像是麵包屋，應該是製作麵包的麵包工坊，問題是，今天也一樣沒開門營業，或者它根本沒有對外營業。好失望的又繞過一大片梯田，在更上坡處看見了一家素麵工廠，只是素麵工廠只賣包裝素麵，誰來幫我煮一碗知名的小豆島素麵。

田裡的農事正忙碌著，金黃稻穗有部分已經收割，每一塊梯田的面積都很侷限，因此手推式割稻機也非常迷你，一小塊一小塊收割，想快也快不起來，非常辛苦。雖然金黃稻海美景在前，還是很貪心的想看一眼剛插秧時的水梯田，映著天光的景觀一定很棒吧。汗流浹背的躲在一欉竹林邊休息，啃著包包裡唯一的食物，第一晚在岡山買的名產煎餅，稍微止飢一下。決定步行下山，至少走到下一個大一點的村莊「肥土山」，應該就會得救了。

中山到肥土山

頂著烈陽，一步一步往山下走，來往的車子不多，多希望有哪個好心人可以停車載我們一程，又沒有勇氣攔車，想想我們在台灣的山路上，應該也不可能隨意停下來問在路上行走的陌生人「你需要幫忙嗎？」是吧，只好認命的走走走。邊走路邊看風景，如果不是肚子餓，其實這段路的風景很美，幾乎沒有任何住家的山路上，沿路竟然還是有幾部自動販賣機，真是服了日本人。

約莫走了三十分鐘，其實距離也不遠，靠著那支已經掉漆的粉紅小洋傘撐著，終於在一個轉彎處，看見了前方的聚落，還有山頭上的巨大白色觀音像，祂像是在取笑我們一般，這兩個傻蛋，怎麼在透中午健行呢？

公車站旁標示著往下可到肥土山農村歌舞伎座，我們已經沒有力氣和興致再去找了。在乾淨的離奇的路邊涼亭，終於可以歇歇腿，看著一旁的村落地圖看板，我們還得再走過整個肥土山，到最下方處的學校那一帶，警察局至少可以幫我們叫輛計程車吧。撐著傘繼續走，終於，看到了一家超市，簡直欣喜若狂，得救了啊。先進去吹一下冷氣，買個東西果腹也好，結果，超市架上竟然只有保久麵包，決定餓死算了，買了兩瓶冰涼的咖啡牛奶充飢，結帳時，用一口破日文，問老闆娘可否幫我們叫計程車，老闆娘很客氣的請我們在玄關處的座位區稍候，她從櫃上拿出了一本厚厚的電話簿，幫我們打了電話，然後走過來說「約十分鐘左右就會來了。」

天啊，好感動的一刻！在冷氣房裡喝著冰咖啡牛奶，等待著計程車，竟然超開心的。不久，來了一輛新穎的豐田油電混合計程車，中年女運將極有禮貌的開著車，一路載我們來到天使散步道，花了一千六百多日圓，第一次搭計程車覺得花錢花得好超值，因為有一種得救的心安。

天使散步道

此時，天使散步道的天光正美，潮水也剛好退去，來得好不如來得巧，在遊客中心的小小看板上，發現了正值退潮時間點，先到洗手間整理一下剛剛一路走下山的狼狽狀，重新塗好防曬，往海濱走去。遊客三三兩兩不斷趕來，潮水退得很遠，突出了一段寬廣的白色沙灘，很難想像海水真的會完全覆蓋，每個人都興奮的在沙灘上拍照留念，心滿意足的來回走了一趟，最違和的就是四名穿著黑色制服的高中生，在沙灘上撐著黑傘釣魚，感覺好像拍片場景般的不真實。

特別喜愛這類隨著潮汐高低才能前往的潮汐島，在世界各地的旅途中，也總是去找尋這樣的奇特風景，從英國極北的奧克尼群島（Orkney Islands）上的Brough of Birsay、諾森伯蘭郡（Northumberland）外海上可開車通行的

Holy Island、西南邊康瓦爾郡（Cornwall）的St Michael's Mount，到台灣澎湖湖西鄉的奎壁山、金門島浯江口的建功嶼，再到現在所在的小豆島的天使散步道，都讓我們興奮莫名。

總算是輕鬆舒坦了一會兒，太陽已經西斜，威力已不強勁，都忘了我們還沒吃中餐，從這裡走回民宿不遠，經過了昨晚的那家7-11，決定先啃兩個秋季限定飯糰，這是第一次買日本超商的御飯糰，跟台灣7-11的硬梆梆米粒的乾癟飯糰截然不同，意外的非常好吃，秋季限定就是用了一堆代表秋季的菇菇和栗子，滋味不錯，尤其米飯很香Q。邊吃飯糰、邊喝果汁、邊寫明信片，又穿越了全世界最窄的海峽，回到民宿。其實，小島上的距離真的不遠，但沒車的夏季真的是自找麻煩。

回到民宿拿行李，請年輕老闆幫我們打電話叫部計程車，因為已沒氣力再拉著行李去等公車了。沒料到年輕老闆居然說要載我們一程，他大概有讀心術，知道我們對他的e-mail服務頗有微詞，他從屋後的車庫開出了一部超大福斯T4老爺車，載我們到碼頭前的售票處，鞠躬說再見，感謝啦。

這一天在小豆島走了一萬五千三百零五步，沒能去預定中的福田港，殘念。◆

天使散步道是戀人的聖地，
蜿蜒的沙丘隨著漲退潮出現或隱沒。

直島

草間彌生
赤南瓜
黃南瓜
安藤忠雄
美術館

草間彌生：

「我到天邊尋找太陽的紅光，
卻在直島海岸變身為赤南瓜……
我的紅紅紅南瓜，我愛死你了，
誠心獻給直島的人們。」

渡輪

今天，預定搭早上八點十二分的大船，前往此行最重量級也最熱門的藝術之島「直島」。當然，旅館的朝食又沒時間享用，出門前看著可口的飯糰和熱騰騰的味噌湯，好想問問能不能提供外帶服務。只好去街角的 7-11 買了兩顆御飯糰和兩杯熱咖啡，沿著中央通り快步來到高松港，週六早晨的中央通り上，少了上班上課的人潮，顯得安靜悠閒。

一進入港邊的售票處和候船處可就不一樣了，對比起昨晚抵達時的安靜，此刻怎麼人山人海，旅行時總會忘了今天是幾月幾日星期幾，週六不僅多了許多觀光客，還出現了一批數量驚人的小學生，他們身著棒球服，看來準備去小島上進行比賽，還跟著一大票的陪同家長，各個都帶了許多野餐行頭，一兩百人的超大陣仗，他們應該是早早就來排隊卡位了。

傻傻跟著長長的人龍排隊，想說大家都是要去直島的吧。前方處理票務的速度實在慢的驚人，看情勢不對，趕緊上前瞧瞧，撇見了櫃檯旁邊有自動售票機，不知道這些日本鄉親們是要買什麼特殊的船票，怎麼會搞這麼久呢？從自動售票機裡三十秒鐘就按出了兩張來回票，真是冤枉的大排長龍，好不容易在擠滿人潮的候船室中，找到兩個位置坐下來，準備先吃點東西墊肚子，咖啡才剛打開喝了一口，就聽到不太熟悉的日文廣播，大批旅客開始蠢蠢欲動，日本人一貫的瞎緊張氣氛，讓人更緊張了，只好跟著去大太陽底下排隊候船。

藝術真有如此巨大的吸引力，不僅吸引日本人，更吸引不少國際觀光客，西方東方皆有，其中最醒目的就是一群韓國貴夫貴婦團，說不定是什麼大有來頭的藝術家或建築師之類的，個個打扮得很「囂張」的模樣，人群中很難不注意到他們的存在。

登船碼頭就在候船室玻璃窗外，反正也擠不過這一兩百個小朋友，就站在門邊，跟著不是隊伍的隊伍找縫隙插進去，也不知道自己是排哪一伍，時間快到了，日本人此刻也露出了本性，原來他們也是會亂擠的。往直島的熱門船班，已經經歷過兩回合的藝術祭大場面的考驗，應該是很能應付週末遊客才對，怎麼現場會混亂成一團，一開放登船，大家竟然互相插隊，搞得晚來的都先上船了，我們還被擋在人群中，各個火氣都很大。

好不容易上船後，室內的座位早被小朋友和家長們給霸佔光了，看似溫和有禮的日本人也是會佔位置不讓座的，最後在吸菸區玻璃窗外找到一個年輕人佔了三個位置，只好不客氣的開口「すみません。」這才免了要站立一個小時的船程。雖然頂部的戶外區有座位，但一早的海風涼、太陽又烈，一個小時實在不好受。

搭載著整船滿滿的乘客，往一早還霧白的瀨戶內海航去，幾乎看不見其它的小島和遠方的陸地。

往直島的大船比昨天往返小豆島的要老舊，船上的規格形式也不太一樣，只有那一整排飲料自動販賣機是一樣的。船上人聲鼎沸，小朋友們坐不住四處亂竄，讓早晨的瀨戶內海變得熱鬧無比，還好有座位可以慢條斯理的啃完飯糰、喝完咖啡，然後再打盹一會兒。

瀨戶內海的小島之間距離都不遠，與本州和四國之間的陸地也不遠，大船多則一小時，快船少則十分鐘，船班算是頻繁，船票比起小島上的巴士票也合理許多，所以，跳島旅行不算困難，只要先確認船班時間，估算好在島上的行程，其實能在眾多小島上往來自如，如果時間充裕，在島上多待幾天當然是最好的選擇。

直島隸屬於四國香川縣，直島町的範圍涵蓋直島周圍的二十七座小島，三千多名人口主要集中在直島、向島、井島等有人居的島嶼，其中又以最大的直島為主要聚落，總面積約一四．二三平方公里。

直島和犬島、豊島受矚目的程度相比，從船上的乘客數可看出端倪，又遇上週末，想必島上熱鬧非常。還好，這一天我們不用拉著大行李上上下下，不然真的會欲哭無淚。隨著時間，霧氣散去了一些，站在晨霧中的甲板上感受海上隱約的諸島形影，小學生們在船上的各個角落活力十足的奔來跑去，年輕女孩也表情姿態多變的拚命拍照上傳，一早呈現了此行難得的輕快步調。

草間彌生與南瓜

接近直島的宮浦港時，陽光也露臉了，船先從南邊的美術館區經過，花崗岩地質的島嶼遠看像是金門，隱藏在地底的美術館就像是軍事碉堡，僅露出了幾扇窗和屋頂，熟悉的畫面讓人不禁回憶起當年運兵船即將抵達料羅灣的情景。遠遠的從船上俯瞰SANAA的碼頭建築和草間彌生的赤南瓜，興奮之情難掩。大船快速靈活的靠岸，我們才在頂層夾板上多拍了兩張照片，全船兩百多名旅客幾乎全都走光，趕緊小跑步下船，下船時又看見不遠處的公車已經跑了，怎麼不等等這班船的乘客呢？又得再等上三十分鐘的下一班。無妨，港邊的赤南瓜正向我們招手，紅色大南瓜的位置就在碼頭靠海的盡頭，陽光剛好灑落，藍天若隱若現，大批下船乘客都搭上遊覽車走了，我們幾乎獨擁大南瓜，裡面、外面，遠觀、近觀，什麼角度都好看，果真是草間彌生（一九二九－，長野縣松本市人）的渾厚力道，這是草間婆婆於二〇〇六的作品。

紀錄片〈ㄦ草間彌生〉中，草間彌生朗讀了一首她為「赤南瓜」創作的詩，「我到天邊尋找太陽的紅光，卻在直島海岸變身為赤南瓜，南瓜內部中空，開了許多洞，人可以從洞口呼吸新鮮空氣，它不滅的靜謐，染紅了我的心，一瞬間的神聖光芒，彷彿擁抱我整個人生，而活著的我對生死的慾望，將永遠延續下去，死後仍不會從塵世逃開，赤南瓜吸收了我的一切，我的紅紅紅南瓜，我愛死你了，誠心獻給直島的人們，我將南瓜的紅淹到海中，而後我愛的原型終於回來。」這是對赤南瓜最無可取代的描述。

草間彌生在《草間彌生×圓點執念》書中提到，回憶起小學時第一次在松本老家的育苗採種場見到跟人頭一樣大的南瓜時，就愛上了這個像是有生命形體的瓜果，日後當她抱起南瓜時，便會想起遙遠孩提時代的記憶，南瓜是一種能讓她痛苦的內心得到救贖的物件，又因為南瓜造型討喜可愛、圓胖毫無修飾，可以給人強大的精神安定感，更認為南瓜可以視為她的人生伴侶，所以在創作過程中才會一直一直描繪南瓜。而那些她不斷大量複製的圓點，則是她要向世人傳達的訊息，她認為每個人都是圓點，不能因時間的流轉遷移、時代的推進，讓自己的存在感完全消失，忘記自我本質。她也藉此肯定自我存在的價值，希望透過日積月累的努力，喚起人們的感動。

剛在船上看見一名年輕女孩慵懶的躺在南瓜旁的草皮上，閉著眼睛享受島上獨有的早晨靜謐時光，一旁正是SANAA設計的扁平水滴狀的drop chairs。觀賞期間僅來了兩三組遊客，大家互相幫忙拍了紀念照，幫我們拍照的是一對年輕夫妻，負責掌鏡的老婆看起來很剽悍，背著一個強烘中的小嬰兒，之後一整天也都在島上的各個重要景點遇見他們，三十幾度高溫，上山下海汗流浹背，我們自己走路都快翻臉了，她背著嬰孩是如何辦到的？

站在直島碼頭送往迎來的赤南瓜，草間彌生曾特地為它創作了一首詩。

心滿意足的看完赤南瓜後，回到碼頭候船處的遊客中心，這個有直島玄關之稱的「海の駅なおしま」是SANAA（妹島和世+西澤立衛）的建築作品，以其慣有的設計手法，扁平的空間、細長的柱子、通透的玻璃，不破壞原有的地景地貌，謙遜的站在碼頭邊，廣納四面八方前來的遊客。只是，一走進遊客中心的室內，卻發現實際使用的情形不如預期。空間被使用過後竟是又擠又亂，而且意外的髒，建築師很理想性的設計出漂亮純淨的空間，卻沒有考慮到耐用度與實用性，以及宮浦港日益龐大的遊客吞吐量，遊客中心、商店、餐飲店、座位區、寄物櫃的功能全都無法彰顯，幾乎全部擠成一團，動線也沒有合理的規畫，稍微多一點人進去就塞車了，很難想像在藝術祭人潮高峰時，是怎樣的窘迫情景。

沒多久，總算來了一台小巴，硬是擠滿了要往小島南邊美術館區的遊客，包含我們，大部分的遊客來到瀨戶內海，多半是衝著安藤忠雄在直島的三座美術館而來。車子搖搖晃晃的穿過了本村極狹窄的道路，終於知道為什麼僅能行駛這麼小型的巴士了，因為島上許多路段確實僅能容許一車通過。很敬佩直島沒有因為大批遊客而有拓寬道路的計畫，也才能盡量保留原汁原味的村落型態。

SANAA 設計的候船室與碼頭建築，慣有的纖細扁平，是直島的迎賓玄關。

在本村下去了一部份的遊客，大多數人還是直達美術館園區，眾人在黃色南瓜附近下車後，還要再轉搭福武財團提供的免費小巴，真不是普通的麻煩。而且，遊客量其實不少，距離又不遠，為什麼不能多開幾個班次，讓這些小巴來來回回多載送幾趟，實在很折騰烈陽下揮汗的夏季遊客們。

一九九四年就已經站在堤防上的草間彌生的黃色南瓜，就在公車亭的不遠處，為了配合極少的巴士時刻，只好等結束之後再來拜會它了。其實，直島可以大力推行電動腳踏車，像豊島那樣，因為島上村落的距離其實不遠，電動腳踏車在上下坡也很給力，可以免去遊客東奔西跑的累人景況，還得拚命趕赴那沒幾班的小巴。

地中美術館

小巴在蜿蜒的沿島公路上，沒幾分鐘就把我們送到地中美術館售票處，下車後所有人被集合到購票處前做了各項嚴格參觀規定的說明，當然，又是個室內外都不能拍照的建築，買好票之後，大夥兒馬上又鳥獸散的往美術館步行而去。售票處和美術館之間的距離很長一段，必須穿越一座刻意營造出來的莫內花園，在九月初還很溫暖甚至炎熱的日本，花園內開滿了各式各色的花朵，深淺不一的綠色點綴，還有水池，完全不是傳統的日式庭園風格，走進花園像是進入了超時空的境界，柔和、有機、生命、活潑的氣氛，很歐式或者很英式，即便在不高的綠籬之外就是馬路，一段很不可思議的體驗。

一路走下來的各個島嶼的各家美術館，最讓人激賞的設計重點即是，要進入該美術館之前，必定讓訪客經過一段不算短的步道，讓你在這段路徑當中轉換好、也準備好要朝聖的心情，絕不會馬上推開大門就是美術館。地中美術館以花園路徑來轉換我們的心境，然後進入了整座埋在地底的美術館空間，對外的採光全賴開在頂部的天窗，建築整體樣貌從外面完全看不出來，安藤忠雄特有的設計手法。

像迷宮般的在地中美術館裡上上下下，跟著規畫好的路徑，裡裡外外穿梭著，看建築也看藝術，原來，這裡面有五幅巨大的莫內「睡蓮」收藏，才會有剛剛館外的莫內花園做為呼應。進入專為莫內畫作打造的全白空間，在展廳門外需先脱鞋，地板是一顆一顆指甲大小的花崗岩或大理石的馬賽克拼貼面，在巨大尺度的空間中，對比起這細小的精細的光滑的冰涼磁磚，十足震撼的觸感與視覺對比。

像是殿堂般的階梯空間，奢侈的展示著一顆直徑二·二公尺的黑色球體，以及二十七個金箔漆木雕裝置，這裡是美國雕刻家Walter De Maria（一九三五—二〇一三）的專屬空間，引用頂部自然天光的神聖空間，一走進去真會讓人起雞皮疙瘩，就像是來到了希臘神廟前的莊嚴震撼。

地中美術館售票處，進入主館前的休憩與緩衝建築。

特地為館內收藏品「睡蓮」打造的莫內花園，充滿柔和、有機、生命、活潑的氣氛。

多年前，曾在英國的約克郡雕塑公園（YSP）裡看過James Turrell（一九四三—，美國人）的作品「Deer Shelter, 2006」，這一回再次遇見James Turrell的「Open Sky, 2004」，以類似的創作手法，讓人隨意坐在四方形天窗底部的四周圍，半戶外的空間裡什麼都沒有，靜靜的看著藍天在上、雲朵在飄的大自然變化，偶爾一陣風吹來，很幸運的今天是晴天，天空中隨意飄過幾片雲，突然飛過一隻老鷹，如果遇上下大雨，肯定更精彩，不知道館方如何在下雨時維護美術館室內外的潔淨，因為館內有許多半戶外空間，不過，應該是不需替日本人煩惱保持乾淨這件事。這個作品也有傍晚之後的星光票可額外加買，可以看夕陽、看星空。

在James Turrell的另一個光藝術展間前，又排了好一陣子的隊伍，又是脱鞋、又是限制參觀人數、又是限制參觀時間，藝術祭時究竟如何消化這些排隊脱鞋穿鞋的人潮？雖然如此，「Afrum, Pale Blue，1968」和「Open Field，2000」仍值得好好排隊等候。美術館的各個展間不厭其煩的要求眾多訪客不斷的脱鞋穿鞋進出，確實蠻累人的，但這就是一種堅持、一種儀式、一種文化，即便被我們腳下那雙很難穿脱的Camper搞得很煩人，還是尊重這樣的方式。

地中美術館是安藤忠雄（一九四一—，兵庫縣鳴尾濱人）於二〇〇四年的建築作品，歷經十年光陰，不僅建築設計經得起考驗，整體運作至今還能保持如新的狀態，讓人不得不佩服。建築師高明的設計手法仍不斷吸引世人前來朝聖，奢侈的以自然光和光影來呈現的藝術空間，大器的展示著專屬藝術品，也精心設計了各種細部與參觀路徑，像是用韭菜花點綴的庭園，以碎石片裝置的藝術，館內展示收藏的莫內、James Turrell、Walter De Maria等重量級的名家作品，一個建築與藝術相互輝映的絕美空間。直島之行從這裡開始，是對的，如果僅能選擇唯一一個，就是這裡，絕對不會有遺憾。

只可惜，館內面海的咖啡座，總是空不出一張椅子，讓趕時間的我們，無緣坐下來用一杯咖啡的時間觀賞玻璃窗外的瀨戶內海。

李禹煥美術館

心滿意足的走出館外，又再一次走進莫內花園，陽光正烈、光影也正美，回到售票處等接駁小巴，繼續來到第二站，不遠處的李禹煥美術館。李禹煥（一九三六—）是韓國人，長年活耀於日本並揚名國際的極簡風格藝術家，作品風格帶著濃濃日本味的禪意。從公路往階梯下走，經過一大片被綠意森林環抱的開闊廣場，走到盡頭有一道清水混泥土牆，從高聳的牆面後方進入美術館內部，一

大片的生鏽厚鐵板，僅其中一個角往上微微彎曲，直白的放置在戶外的地板上，就是一雋永的藝術作品。空間將藝術家從一九七〇年代以來的創作，分成了不期而遇、對應、沉默、影子、冥想等五個主題展示。

這是個戶外比室內更精采的美術館，建築氣勢凌駕藝術品之上，室內讓我們印象最深刻的就是冥想空間，一次僅容納十人脫鞋進入，在寬大的地板上，可自

建築家安藤忠雄為旅日韓裔極簡藝術家李禹煥所打造的專屬美術館。

由地或坐或躺，什麼都沒有，只有頂部開了幾道細長的天窗，透過玻璃偶爾能看見空中飛翔的老鷹、飄過的雲朵，創造了許多讓自己想像、靜思的時空，你想在裡面待多久都可以，就是安安靜靜的。

參觀完李禹煥美術館，走出戶外，烈陽曬得眼睛幾乎睜不開，好想來一杯冷飲，突然異想天開的覺得，安藤忠雄應該設計一座清水混凝土的自動販賣機，搭配島上這一系列的美術園區，這樣才算淋漓盡致。前三天在其他小島上四處都能看見自動販賣機，隨時都有冷飲解渴，今天一整個早上連一台都沒有，因為這裡是非常菁英非常神聖的美術館區，大概不容許設立自動販賣機來破壞整體景觀吧。

以我們這等慢條斯理的參觀速度，在範圍不大的美術館裡裡外外走完後，又錯過了接駁巴士，接下來又是一個小時之後，好無奈啊，只不過短短的一．二公里，就不能多加開幾班嗎？雖然距離短可以自己步行，但是在正午三十幾度烈陽下走一．二公里，也是百般不願意。

Benesse House，是旅館也是美術館

終於，還是沿著其實風景很美的濱海公路，在太陽很毒辣的情況下，不甘不願地走到了第三個點Benesse House。這裡是福武財團最早的開發案，一棟

Benesse House旅館，不僅享有瀨戶內海的海景，建築空間與收藏藝術品更值得一覽。

面海的高級奢華旅店，附設了一個給住客觀賞的美術館，收藏展覽的當代藝術不管質與量都非常豐富，還有遊客們喜愛的藝術設計商店。這裡的空間和藝術品皆值得一看，只是，走到這裡時，兩個人滿身大汗、氣喘吁吁，幾乎消彌了心中看展的興致，又剛剛看過兩個重量級的空間，觀展興致竟開始出現疲態，幾乎快感受不到建築與藝術要傳遞給人們的訊息了。還好，美術館裡很舒適、尤其冷氣很強，先進洗手間梳洗整理一番，慢慢調整好情緒，再一次接受重量級的藝術洗禮。

但必須誠實的說，來到第三間美術館，已經呈現視覺麻痺，好東西太多也是會消化不良的，稍作休息之後，循序漸進的慢慢走完，展間好多、藝術品更多。

最後，在洗手間補塗防曬，準備再次走入烈陽中。

從旅館的高度往海灣望去，遠遠的即可看到金桔大小的黃色南瓜，想到要再走這一大段路，又再次百般不願。瀨戶內海的海景很無敵，只是走路的季節和時間不對，熱到快融化的境界，多走一百公尺都要斤斤計較。因為一定要趕上回本村的公車，如果錯過了又得再一個小時，這也是瀨戶內海旅行最大的挑戰，所以，我們當時幾乎在烈陽下競走，有點瘋狂。

從旅館疾行趕路到海邊大南瓜的途中，經過了也是福武財團經營的旅館區、藝術品商店區，完全沒機會駐足。走在人行專用步道上，後方有個西方男子，裸著上半身、下面著黑色泳褲、背了一只黑色背包，騎著腳踏車從樹林裡呼嘯而

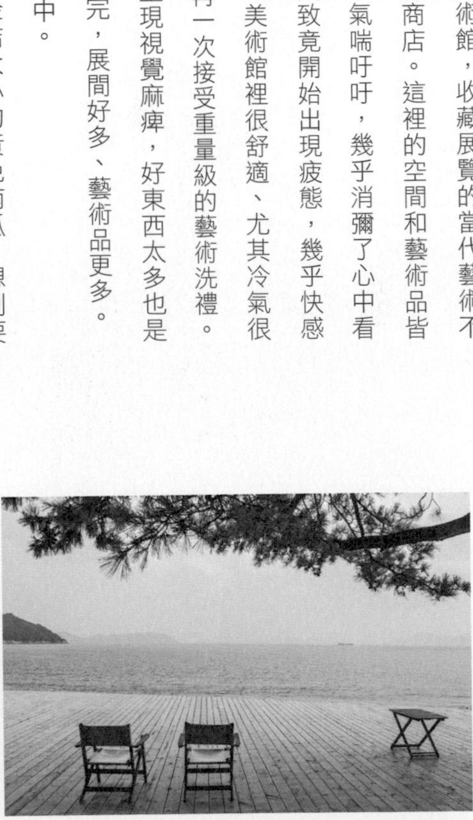

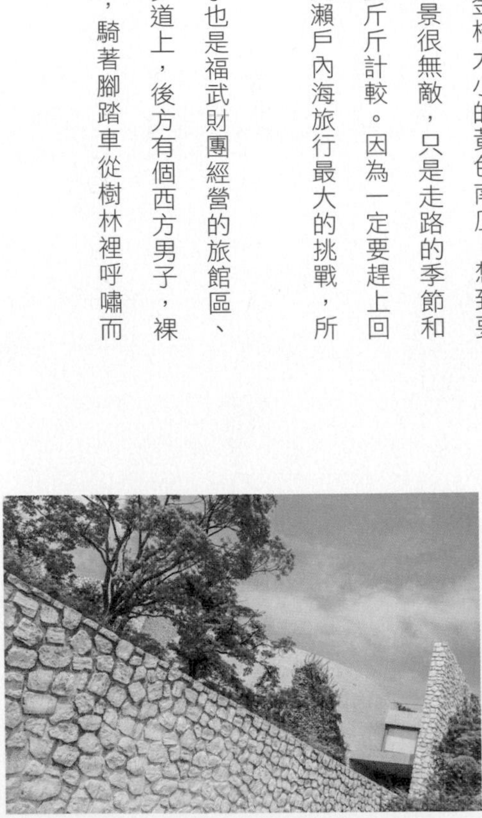

過，嘴裡還哼著歌，那個畫面讓趕路的我們忍不住大笑，原來，他也是趕著去跟南瓜合照。

剛剛在美術館裡半戶外中庭的安田侃（一九四五—，北海道美唄市人）石雕藝術品上，一名像是流浪漢的男子，穿著尺寸稍大的西裝外套，脫下一雙鞋後跟被踩扁的黑色硬皮鞋，躺在大理石上閉目養神，旁邊還擺了一只皺皺的白色購物塑膠袋，和美術館的氣氛顯得格格不入，沒想到他醒來後，也非常認真的觀看藝術品。等我們終於趕到南瓜前時，他也已經悠閒地坐在堤防邊看著大南瓜。又等到我們緊急匆忙的拍完黃色南瓜後，幾乎是跑步回到公車站牌時，流浪漢先生早就排在隊伍中，感覺非常淡定，想必他是位藝術家吧。

南瓜是一種能讓草間彌生痛苦內心得到救贖的物件，因為南瓜造型討喜可愛、圓胖毫無修飾，可以給人強大的精神安定感，所以她在創作過程中不斷描繪南瓜的形體。

黃色大南瓜可說是直島上最知名的藝術品，是草間彌生一九九四年的作品，幾乎所有藝術祭相關的出版品、宣傳品、紀念品的封面上都有它。其實它位在一個很不起眼也容易錯過的海邊，安穩的躺在突出的水泥堤防上。還好，大家算是很有默契的排隊輪流拍照。這一天，我們身上刻意穿上一件草間彌生黃色南瓜的黑色T恤，輪到我們和南瓜合影時，引來許多側目，真是難為情。只是黃色大南瓜對我們來說很殘念，來之前以為能在它周圍好好的駐足觀賞，最後卻搞成了匆匆來去。對比起屏東農業生技園區裡的也是草間彌生的黃色大南瓜，被一堆冰冷建築物包圍的窘狀，也無人欣賞的孤單樣，這顆南瓜所在的環境和位置，明顯要幸福太多了，前方面對著大海，後方有大片山林，每天擁著瀨戶內海的潮來潮去，還有全世界各地專程前來探望它的遊客，一點都不孤單寂寞。

島上的每一座美術館都有它精彩非凡之處，只是，無法用相機把自己感動的畫面記錄下來，確實很殘念，因為太精采了，所以上一個精彩馬上被下一個精采取代或掩蓋，記憶層層疊疊，越來越薄弱，導致一整天下來，幾乎全沒了記憶。這幾個晚上每當要回憶當天行程時，千頭萬緒的總不知該從何下筆。

安藤忠雄與「闇」

東方的神祕感起源於陰翳，日本則將空間的本質視為「闇」，也就是谷崎潤一郎所堅持的，只有陰翳才堪稱為空間，確切描述了日本特有的空間美學意識。日式建築的原型，普遍認為是數寄屋（獨棟式）與長屋（連棟式）這兩大類住宅空間，而他們之間的共通點就是「闇」。谷崎潤一郎於《陰翳禮讚》一書中提到，「如此，我們營造住居最重要的就是打起這把叫屋頂的傘，好在大地上撒落一團日蔭，在淡淡暗影中建造家屋。東方建築最明顯的外觀元素就是大屋頂，以及飄盪在那頂棚下的儂儂暗色。日本和室之美完全依仗陰翳的濃淡，因此直接光線不適合，間接光或是透過其它材質如紙門的光線反而更合適，內牆（砂壁）也塗著無法反光的色澤。模糊的古畫與昏暗不明的壁龕，反而是天衣無縫的搭配，氛圍恰到好處。」

建築作品被歸類於日本晚期現代主義風格的建築家安藤忠雄，稱自己的作品為批判性地域主義建築。純粹的幾何形體構成，頂部與高窗間接採光的空間特質，空間總是往地下發展的堅持，以傳統榻榻米尺寸為模矩的手法，細膩的清水混凝土表面猶如畫布，得以讓光影隨著時間，在建築的裡外作畫，禪意與詩意也就這樣產生。一如原研哉所述，「在幽暗或亮白的空間中，不管是人或物會呈現更美的樣態，因為視覺，更因為禪意。」毫無疑問的，光與影彼此對立卻也彼此依存，陰翳之處才得以深刻體悟光的價值與變化，也因為有陰翳作為畫布，光才得以留下片刻紀錄，就像攝影的基本原理，光線被鏡頭集中之後，投射至暗箱裡的敏感介質，雖然短暫卻留存了感動的畫面，如果都是亮或暗的環境，就甚麼都無法留下。

安藤忠雄在回憶錄中表示，成長過程在長屋的生活經驗，讓他總習慣被淡淡的黑暗所包覆，像是融化在空間中的感覺。但安藤忠雄卻不認為自己可以像谷崎潤一郎那樣，可以知性的批評對象，他所能做的就是讓空間與自己的身體化為一體。就像柯比意可供回首的原點是地中海，而對安藤忠雄來說就是「闇」的空間感受，他不諱言個人設計風格深受《陰翳禮讚》一書的影響，也表達了他的設計總是想往地下去的強烈傾向，極力追求沉入黑暗中的空間，像是熊本的裝飾古墳館、大阪的飛鳥博物館、淡路島的本福寺水御堂以及直島的三座當代美術館。

我們此行參訪的地中美術館是此一信念的強烈展現，李禹煥美術館與Benesse House也體現了他一貫的設計觀點，拜訪安藤忠雄的作品不是第一次，但這次在直島的三個建築作品，絕對具代表性。有趣的是，參觀這三座美術館的同時，在腦中縈繞不去的，竟然是數年前曾拜訪過的，位於東京南青山由弱建築學派的建築家隈研吾（一九五四－，橫濱市人）所設計的根津美術館，以及在犬島走訪的妹島和世的家屋作品，可能因為這三位日本建築家的作品風格，恰好位於強與弱的兩端，因此成了最佳對照組吧。

右｜公車站前的迷你鳥居。
左｜農協前站牌旁的TABACO商店，販售本村家屋計畫的參觀套票。

玄米心食

終於，趕上了回本村的小巴，公車站牌旁的海邊，有一座迷你素雅的鳥居，尺寸非常小，不及成年人的高度，很樸質的水泥柱，上面被放滿了像是祈福用的小石頭，這附近沒有神社，放置海邊是什麼用途呢，倒是幫我們框了一幅美麗的海景。

搭上小巴，鬆了好大一口氣，終於，三座重量級的美術館，在囫圇吞棗之下，勉強走完了，直島的精華區也結束了，接下來，可以放慢腳步，慢慢來。我們在往港口的中途站「本村」下車，這裡是島上的另一個重點，分散在本村聚落的許多棟傳統家屋，都藏有精彩的藝術作品。來此地的遊客們真的全都有備而來，大夥兒在「農協前」站牌一下車，馬上就知道要去跟站牌旁TABACO窗口裡的老婆婆買參觀套票，讓還在抉擇的我們完全甘拜下風。

此刻已經下午一點多，飢腸轆轆又渴又累的我們，決定先找家食堂填飽肚子，休息一會兒再說吧，大半天的密集藝術觀賞真的好疲憊。本村的聚落形式很完整，生活氛圍也算活絡，村裡還住了不少居民，不像犬島幾乎沒有人煙。這麼小的聚落如何消化從世界各地來的大量遊客，實在很好奇也很替它擔心。這裡有不少家庭式食堂或因應觀光客而開的餐飲店，我們誤打誤撞的看到一棟頗有氣氛的老房子，門口的小立牌上附有餐點圖片，決定大膽的拉開紫色門簾，走進這家

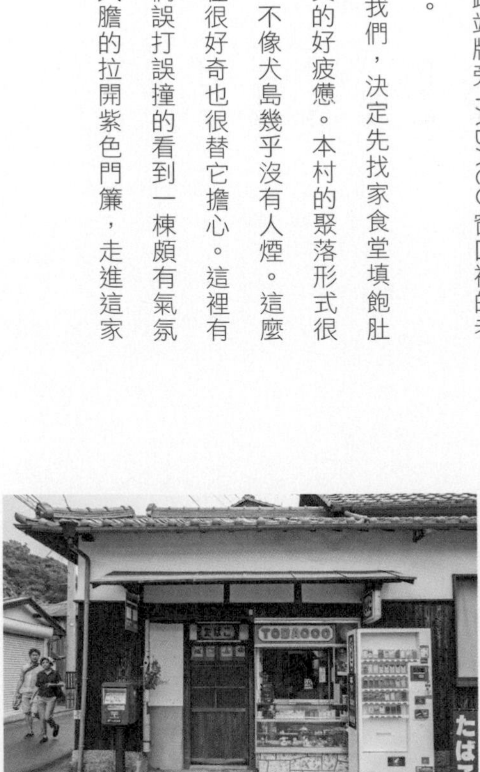

原來也是頗具知名度的「玄米心食」。

食堂裡保留了最原汁原味的傳統民居空間，僅戶外庭園經過整修，有一大桌是不脫鞋的桌椅區，和大部分都要脫鞋的榻榻米區，日本客人全都坐在榻榻米上，我們還是坐椅子舒適多了。早上在美術館裡不斷的穿脫鞋經驗，實在夠了，不想再來一次。外頭天氣其實很悶熱，老屋子裡只有電風扇，意外的還蠻涼爽的，點餐之前，我們幾乎喝光了桌上那壺冰水，日本無論是什麼樣的吃飯空間，提供的永遠都是冰水，倒是很適合這個季節。

看了一下很簡單的菜單，點了兩份看起來份量最大的素麵加飯糰套餐，還是我們在小豆島上無緣吃到的小豆島素麵，很喜愛日本食堂只提供簡單的幾樣菜色，因為小食堂的小廚房能供應的菜色理應就該如此，不像我們的餐飲店菜單總是琳琅滿目，讓人不知從何選起，也疑問它如何神通廣大的可提供這麼多種類的食物。已經過了吃飯時間，店裡還有七八成客人，過了好一會兒，忙碌的小廚房裡總算端出了讓我們好期待的素麵，清清爽爽的好滋味，沒有任何虛張聲勢的菜色，卻是一碗讓人好滿足的湯麵，清甜的柴魚昆布高湯，好品質的小豆島素麵，配上簡單的幾樣菜料，再加上一顆手捏的大飯糰，好飽足啊。這就是心目中日式食堂最美好的滋味，簡單實在。只是沒料到，因為不願意脫鞋所以坐桌椅區的我，要上廁所時發現，廁所也是要脫鞋的，快瘋狂了。

玄米心食提供的素樸料理。

安藤忠雄博物館

飯後，繼續喝光桌上的第二壺冰水，拿出地圖討論一番，決定含淚捨棄本村裡的「角屋」、「南寺」、「きんざ」、「護王神社」、「石橋」、「碁会所」、「はいしゃ」七個家屋計畫的精彩藝術作品，先去看安藤忠雄博物館。在村子裡走過了一排又一排很有歲月痕跡又具各自特色的傳統民居，外牆都是經過燻黑處理的木片，大概是防水防蟲用的傳統工法，每戶人家的建築都各有風格，遊客們隨意在聚落中穿來穿去，大家似乎都裝了導航，總是知道要往哪兒走去，我們胡亂的逛過一圈後，在一座神社正門前找到了安藤忠雄博物館，非常低調的存在。

天氣悶熱難耐的午後，感覺就快下雨了。

外觀依舊是一棟和街坊鄰居相似的傳統建築，大門裡有個庭園，走進室內後則全然不同，跟工作人員買了門票，她微笑的問：「你們從哪裡來？」知道是台灣之後，居然開口用流利的中文問：「你們身上的T恤是在哪裡買的？好特別。」哈，這時候就得意起來了。「UNIQLO」，「在日本買的嗎？」，「不，是在台灣的UNIQLO。」我們是特地穿了這件黃色南瓜黑T恤，來拜見黃色南瓜本尊的。

老實說，穿這件T恤在島上不管走到哪兒都引來側目，因為遊客全是建築藝術迷，也都為了南岸的黃色大南瓜前來，想必大家都很想來一件吧。說起這件其

ANDO MUSEUM

安藤忠雄的設計風格深受
《陰翳禮讚》一書的影響，
他的設計總是想往地下去的強烈傾向，
極力追求沉入黑暗中的空間。

實很便宜的南瓜T，可也是費了好一番功夫。有天不小心關注到UNIQLO官網上的UT，預告即將發行草間彌生系列，時間一到馬上衝到家附近的分店，沒想到店員說這個系列只在台北旗艦店販售，為了這件T隔天又衝到明曜店，結果，才第二天，店內僅剩女裝，男裝早已售罄，還好遇上了好心熱情的店員，幫我們查了許久，終於在西門店找到了男裝T，馬上又火速搭上捷運奔往西門店取貨，有沒有這麼拚命，為了一件五百九十元的T恤，可真是折騰人，但一方面也很開心用五百九十元就能擁有草間彌生。而且萬萬沒想到，有一天能穿著這件T來到直島和南瓜本尊照了一張笑到合不攏嘴的合照。

和工作人員聊完T恤，隨後，我們進入了博物館的內部空間。傳統的外觀，卻有全新的內在，一致的清水混擬土風格，展示了安藤忠雄的幾個案例，這是一棟百年老宅改建的全新建築，要呈現過去與現在、木造與清水混凝土、光與暗之間的對立。安藤忠雄和直島的淵源已經超過二十五年，館內有安藤建築的照片和模型，也有和直島相關的展覽，安藤的建築語彙還是凌駕了館內展覽的一切。

從陰暗的室內出來後，屋外終於下起毛毛雨，空氣依舊悶濕難耐，還好行程已經接近尾聲。

一路走回農協前的公車站牌，等待小巴準備回港口。繞到農斜後方的洗手間，發現了這裡又藏有一家西澤立衛設計的Benesse House紀念品專賣店，讓你一定得買上幾件帶走，店內最大宗的紀念品當然就屬草間彌生的點點系列，我們非常克制的只買了一張毛茸茸的赤南瓜明信片。直島果然是非常有商業經營策略，搶錢也搶得很兇悍。厲害的是，明明知道它是開發商經營旅館，有其商業目的，以高明的藝術之姿包裝，大家卻還是願意買帳，而且不僅日本人，全世界的人都願意前來，尤其兩個人今天一路下來，光是門票就花了近萬日圓，真的非常可觀。

由福武財團推展的建築與藝術的成就，遍布在直島、犬島、豊島，吸引了成千上萬的世界觀光客，但心中不免納悶這樣的操作手法和方式，不知道對於當地的生態、社區、居民會有怎樣的影響和衝擊，樸實的島民們也喜歡這樣嗎？直島，顯然太過商業化，集團色彩也太濃厚，藝術與當地居民的生活有點距離，不，是很大的距離。而且好的作品，也不宜如此密集的觀看，連看四棟安藤忠雄，視覺和心理感知都產生疲乏。就像吃東西一樣，好吃的東西一口氣端出來，或者是量太大，都會影響你的食慾。

在農協前連一個人都快無法站立的狹窄人行道上，撐著傘等小巴，原以為人潮都走光了，沒想到時間一到，搭車的人通通出現，神奇的是，一整天下來，幾乎在每個重要景點，你都能遇見同樣的那批人，大家都做足了功課，每一班巴士時刻都不容錯過，因為一錯過，一整天的行程都會被延誤，在建築與藝術密度如此之高的小島上，大家真的都一股勁的卯起來了，這也是個非常獨特有趣的旅遊體驗。

回港口的路上，在公車上撇見了路旁非常醒目的大竹深朗「舌上夢」作品，島上的藝術品隨處可見，稍早在公路上疾走時，許多海濱也都藏有藝術品，如果想看盡這些作品，可能得住下來幾天吧。遠道而來的我們，自然無法有這麼奢侈的時間，只好期待下回再來了，瀨戶內藝術祭確實是個能讓人一訪再訪的理由。

宮浦港迷走

狂奔了一天，終於又回到港口，但還不能歇息，港口附近也有不少藝術品，但我們此刻只想找家咖啡館，坐下來快速的回憶一整天的瘋狂行程。但是，還是不想錯過離碼頭最近的直島錢湯「I♥湯」，這裡是一家仍在使用中的澡堂，也是一件精彩非常的藝術裝置，藝術家大竹伸朗（一九五五－，東京都人）將整棟老舊澡堂的裡裡外外用藝術的手法，重新拼貼包裝，變得奇幻異常。遊客不僅能欣賞外觀的藝術拼貼，也真的能購票進入澡堂，體驗日式的泡湯經驗，藝術家想要製造島民和訪客之間在澡堂交流的機會。

今天不斷遇見的一位孕婦，竟然也排隊購票準備進去泡湯，真是佩服她無比的體力和意志力。日文的漢字「湯」的讀音就是U，所以作品取名了I Love U，我愛湯的意思。從四面八方看完了這棟被裝置得奇幻多彩的湯屋，決定走往另一

上｜直島錢湯「I♥湯」的拼貼藝術。
下右｜村莊裡的餐飲店。
下左｜直島錢湯「I♥湯」。

NaoPAM
NaoPAM
入口

個方向，去找一家咖啡館，途中又經過了緊鄰社區小公園的西澤大良的「宮浦ギャラリー六区」作品，只是，此刻實在無力再進入觀賞了。沒想到，好不容易在細雨中走到了Cin.na.mon咖啡館門口，居然大門緊閉，下午時段休息中，真是晴天霹靂，週六下午為什麼也休息呢，遊客我們可是不遠千里而來的啊。

撐著傘，走在飄著毛毛細雨的聚落間，隨意走走看看，最後又繞回碼頭，還不到一小時就要登船，瞎緊張的日本人，又開始胡亂排隊，這裡一列、那裡一列，早上的那一大群小學生也回來了，實在不知道排隊邏輯在哪，而且大家都一問三不知，拿著印有高松的船票問排隊的人，這裡是排往高松的隊伍嗎？居然每個人都回答不知道，好妙，那你們是要去哪裡？這時候兩人又開始爭執需不需要這麼早排隊的問題，可是前方已經排了二百人吧，不先排隊待會兒太慢上船又搶不到位置，回程已經無力站一小時。

坐在一旁的長條椅上寫明信片，去遊客中心問了港口附近有郵筒嗎？答案居然是沒有，遊客量這麼大的小島，港邊不是應該設置一個郵筒嗎？還好，這回遇上一位熱心的服務人員說可以交給他，順便幫我們寄。話說，日本人真的不特別喜歡風景明信片，常常在各風景名勝都找不到一張可以紀念旅程的明信片寄給自己。

排隊等船的過程中雨勢越下越大，不少遊客很拚命的在滂沱大雨中，硬是跑去泥濘草地上的赤南瓜前拍張照，還好我們早上已經先拜訪過了。往宇野的船班

宮浦ギャラリー六区。

開走後不久，有個外國女生拿著票問我，你們是排隊往宇野的嗎？糟糕，船剛剛開走，看來她麻煩大了。半個小時後，往高松的船終於來了，好幾列的隊伍同時往前擠，這下真的又白排了，怎麼會這樣呢，完全不像是日本人該有的行事風格與秩序。

果然，等我們上船後，座位又被小學生和家長群給佔光了，最後又是在吸菸區外面找到了一個大叔一人獨佔三個位置，馬上很不客氣的坐下去。傍晚五點五分，遲了五分鐘，船在大雨中離開宮浦港，駛往濃霧中的瀨戶內海，四天下來，氣象預報降雨機率最低的一天，卻下了一場最大的雨，雨中的瀨戶內海，其實也蠻美的，比起早上的晨霧又更迷濛了，又黑又霧又有點風浪，大船依舊平穩的全速前進，完全感受不到些微晃動。只是，小朋友們經過一整天的運動會，怎麼還是精力旺盛的在船艙裡跑鬧成一團。

一整天的直島，奔跑了一萬四千六百七十二步，體會了瀨戶內海的濃霧、晴天、燠熱、豪大雨，天氣變換的精彩程度可不輸給藝術。就在打盹間，回到已經天黑了的正下著豪雨等級的高松市，雨勢大得嚇人。

下一站：越後妻有

從日本回來的隔一週，碰巧遇上了瀨戶內國際藝術祭的總策畫北川富朗來台演講，其實是一場《北川富朗大地藝術祭：越後妻有三年展的10種創新思維》新書發表會。

北川富朗的演講主要講述另一個也頗富盛名的越後妻有大地藝術祭的社區參與。當然，瀨戶內海和越後妻有兩個地區的發展型態有極大的不同，越後妻有強調社區參與式的藝術型態，瀨戶內海則是由福武財團主導的成分較高，小島上邀請來的都是大師級的藝術家與建築師，作品很明星式的種植在當地，包裝也比較華麗，行銷手法更是高明，也因此吸引更多國際觀光客的目光，相對的，與地方的連結性就顯得薄弱。聽完演講後，決定了下一回旅行，就來規畫一趟越後妻有藝術之旅吧。

一趟旅程的結束，讓自己滿載而歸的，不全然是旅途中遇見的那些新奇人事物，而是在過程中從自己內心衍生出來的些微想法，這些因為旅途中而閃現的靈感，或許沒什麼特別，但卻因此而豐富滋養了我們的人生。◆

宮浦港的常民生活與街景。

高松

四國
瀨戶大橋
骨付鳥
琴平電

行過讚岐富士之後，
Marine Liner疾駛過瀨戶大橋，
車窗的強烈反光，
在巨大的鋼骨結構上一閃一閃，
海上風景也在其間如電影分割畫面般閃爍不停。

航向四國

傍晚五點半的大船，載我們往南航行來到四國的高松港，一個小時左右的航程，正好是觀賞海上落日的完美時段。船上的旅客看來多半是每天往返四國的通勤者，大部分是藍領勞工，遊客似乎不多，一打開船艙門，照例又是一整排的自動販賣機，乘客們一上船的第一個動作就是拚命投幣，天啊，他們一天到底花多少錢投自動販賣機買飲料，根據統計數據顯示，日本的各類自動販賣機超過五百六十萬台，其中飲料是最大宗，日本的罐裝飲料七十%從自動販賣機售出，非常龐大的商機，老實說，旅途中每天也是不免得投個一兩次消暑解渴。

小豆島往高松的大船，乘客不多，可以從容的挑個靠窗的圓桌沙發坐下，傍晚海面上的天氣依舊無敵好，從船艙的窗口望出去，港邊崔正化的橄欖樹葉作品旁，有個阿嬤帶著三名小孫子在廣場上騎腳踏車，開心的玩耍追逐，想想我們千里迢迢來此看這些藝術作品，而它只是島民們日常生活中的隨意場景，讓我們好生羨慕。這些年來的旅行，有意無意的追著建築與藝術而行，也在找尋的過程中不斷累積自己對美的鑑賞能力，從一幅畫、一件雕塑、一棟建築，都能讓人大開眼界，也連帶讓自己進一步去理解這座城市或是這個國家所對應出來的生活美感與文化素養，這大概是旅途中最讓我們著迷的部分。

平穩的大船，航行在風平浪靜又陽光明媚的瀨戶內海，剛結束一天高溫燠熱

看盡了靜謐海平面上的多島海景觀，體驗了頻繁上下大小渡輪的移動方式，是在此區旅遊最獨特的記憶。

的旅程，此刻在船上看著海上夕陽，心中滿是感動。森山大道說：「我坐在交通船上咖啡室『海峽』裡，續了好幾杯咖啡，反芻剛剛才離開的北海道的事物，還有過去種種的回憶。就像船不斷搖晃一樣，我的想法也無法停止。」是的，在大海中航行的船隻，會讓你的回憶不斷湧現，不僅是剛結束的這一天，或是過往的。因此，選擇搭乘大船是對的，尤其在傍晚時刻，當成是觀光郵輪，航過周圍大大小小島嶼的海面，儘管辨別不出哪個島是哪個島，但這幅多島海的畫面已深刻印記在腦海裡，一邊看著夕陽西下，一邊看著東方明月升起，再兩天就中秋月圓了。

每日看著船來船去、人來人往的地標型公共藝術「Liminal Air-core-」，如今已成為高松港的專屬印記。

高松港

渡輪接近高松港時，天色已昏暗，大港口的港邊總是顯得醜陋，沒有小島的親切悠適，天際線上還有個很突兀的摩天輪，五彩的燈光隱約的閃閃爍爍，船長就像路邊停車一樣，將大船迅速熟練的靠港。日本人上下船的速度更是快速敏捷，船準備停靠時，乘客們已經等在門邊，船一靠妥，門一打開，大概不用五分鐘，乘客已經全走光、車子也開出去了，接著，候船的人車也馬上登船進艙，一轉眼，它又已經航向黑灰的大海中，就跟公車上下車的速度一樣快。

同樣是島國的島民，我們的人和車卻很難有頻繁搭船的經驗，因此，難得的搭船體驗總是讓我們興奮莫名，想起了在英國旅行時，連人帶車搭船到蘇格蘭的斯開島（Isle of Skye）、席德蘭群島（Shetland）、奧克尼群島（Orkney），從威爾斯航行到愛爾蘭的首都都柏林，也想起了從德國漢堡搭上開往丹麥的火車，跨海時列車車廂直接開進渡輪的奇特經驗，交通工具在這世界上真是非常有意思的臨界時空。

下船後，乘客們照例又快速的消失不見蹤影，我們繼續逗留碼頭邊閒晃，港邊非常醒目的公共藝術 Liminal Air-core- 已成了高松港的地標，這是日本當代藝術家大巻伸嗣（一九七一——，岐阜縣人）的作品，兩根八公尺高的七彩鏡面高柱，像極了南德的木雕玩具，反射著高松港的風景、海面的風景以及彼此之間的

男木島
女木島

風景，而且從不同角度和不同時間觀看也有不同的風景。它從二〇一〇年起，就像守護著高松港的門神一樣，佇立港邊送往迎來各方旅人，我們分別在兩個夜晚從它的前面經過，不管晴天還是大雨，總是精神飽滿直挺挺的站著，看見它好像是高松港對你說了「歡迎回來！」那般的安心。

慢條斯理的、東晃西看的往市區的方向走去，地圖上看起來只不過幾個街區的距離而已，但高松可是個大城，尺度和前些天的小島完全不一樣，拉著行李走了好一會兒，才抵達要入住的連鎖商務旅館。旅館位在最熱鬧的丸龜町路口，連鎖旅店很神奇，全日本分店的房間幾乎都長得一模一樣，應該從一開始就拍照記錄，會發現每天其實都睡在同一個房間的同一張床上。今晚，櫃台給了三樓的房間，窗外剛好是商店街的頂蓋，所以，城市風景全都看不見，殘念。

骨付鳥

丟下行李，準備去吃一頓粗飽的，四國最有名的骨付鳥。市中心很多店家都有賣，特地在旅遊書裡找了一家最知名的，本店在丸龜的「一鶴」，離旅館不遠，四個路口，彎進巷子裡找了一下，沒想到搬家了，循著店門口的地圖而去，還好就在附近轉角，原來是生意太好擴大營業了，果然是家排隊名店，星期五晚上當然得排上長長的隊伍。基本上呢，菜單就是「烤雞腿付大葉高麗菜」加上「雞肉絲

大雨過後的高松街道夜景。

飯付湯」，我們加點了一盤沙拉，所有客人都狂喝啤酒，因為烤雞腿實在無敵鹹，還好提供了大量冰水，口味倒是還不錯，只是不解為什麼會這麼鹹，所以嘗鮮一次即可，店裡氣氛熱絡，有上班族聚餐、情侶約會，有家庭帶小孩，算是老少咸宜的餐館。

晚餐吃得過飽，決定在商店街逛一逛，商店街幾乎所有世界各大連鎖名店都有，也就是把百貨公司跟賣場扁平化的概念，Starbucks到了晚上八、九點了還座無虛席。但是，怎麼不賣個四國或瀨戶內海的城市紀念杯呢？

在麵包店裡，忍不住又買了兩個秋季限定的栗子麵包嘗鮮，在一家進口食品店買了一盒掛耳式咖啡，以備旅途中總是來不及吃早餐之需。沿著多數已經關門的商店街，一路走回旅館，日本人真的好喜歡加頂蓋的半戶外商店街，可遮雨又可遮陽，什麼天氣都能逛街購物，尤其適合烈陽的夏日和寒冷的冬日，但人走在其中總是迷失方向，也不知道已經走到了哪個段落，像是商店街裡有幾棟安藤忠雄的建築作品，STEP、サンプレイス、無印良品所在的新STEP，但是一路走下去，卻完全感受不出建築物彼此的差異。

高松是四國的政治經濟中心，也是四國最大的都會區，海陸空交通都極其重要，也是瀨戶內藝術祭最重要的進出港市。這一帶也屬瀨戶內海式氣候，降雨不多，日照時間長，氣候溫暖。此行在高松待了兩個晚上，僅算是旅行途中的中繼

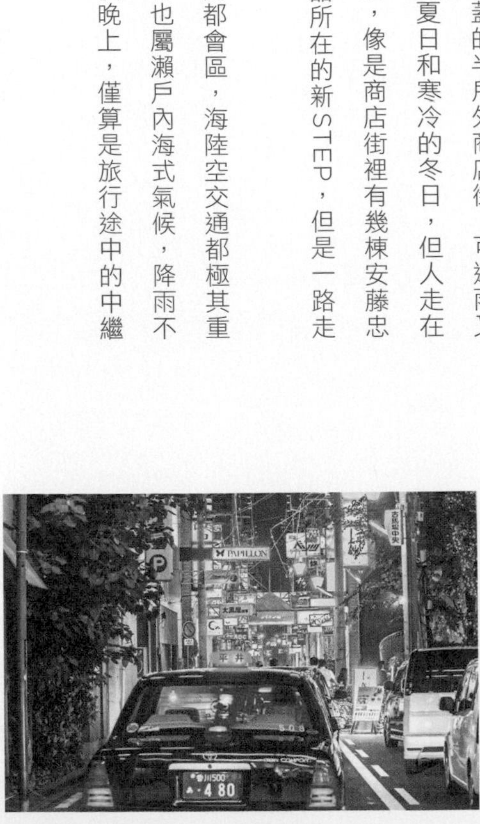

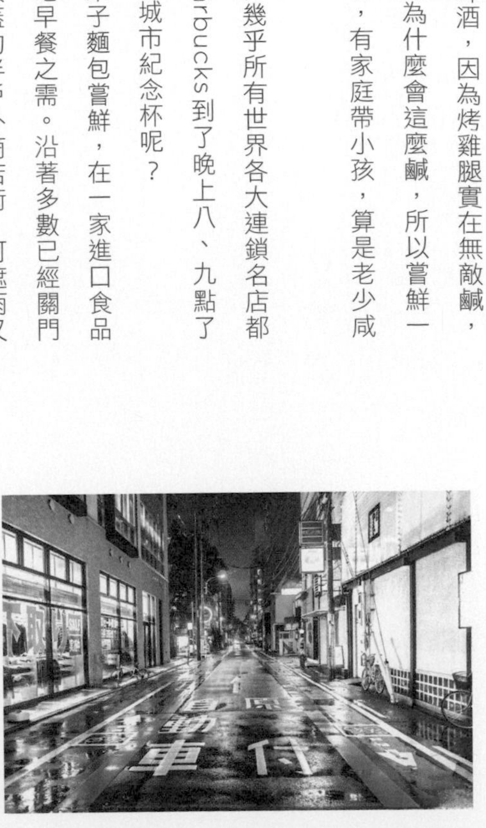

站，有了短暫的大都市便利生活，也暫時休息一下，好繼續接下來的旅行。只是大城市裡寬廣筆直的街道，顯得冰冷也缺乏獨特性和辨識度，和前幾天的海島有強烈的對比，雖然只是一海之隔的距離。高松市裡有建築大師丹下健三的多棟建築，他出身四國今治市，算是有地緣之便，其中最知名的就是香川縣廳舍與香川縣立體育館，或許下回該安排一趟四國之行吧。

琴平電

真佩服我倆驚人的毅力，在直島上汗流浹背狂奔了一整天，此刻下著大雨，還能繼續在大雨中的港邊夜拍了好一會兒，最後竟然決定要去體驗一小段看起來很古典的琴平電鐵，從港口走到對面高松城池下方的電車站，才過了一個紅綠燈，黑夜大雨讓褲管全濕透了。買了票搭個兩站也開心，這條線的終點站竟是金刀比羅宮，很想去朝聖的地方。

下車後以為會有一家還不錯的天滿屋百貨，又賭錯了，還好站前就是連通市區的加頂蓋商店街，這一段屬於田町商店街，可一路走回旅館所在的兵庫街商店街。整個高松市中心應該都可以藉由這條商店街相互串聯，在大雨的夜晚，真是非常實用。週末夜不少商店還開店營業，逛街人潮也明顯比昨天多一些。

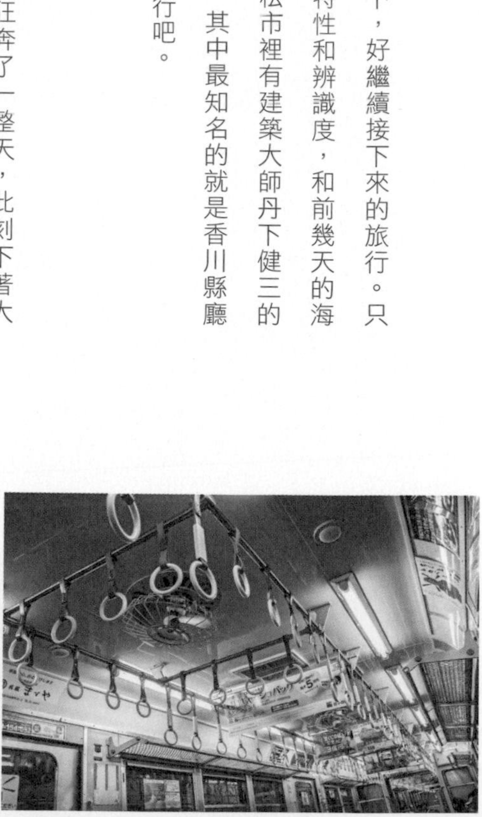

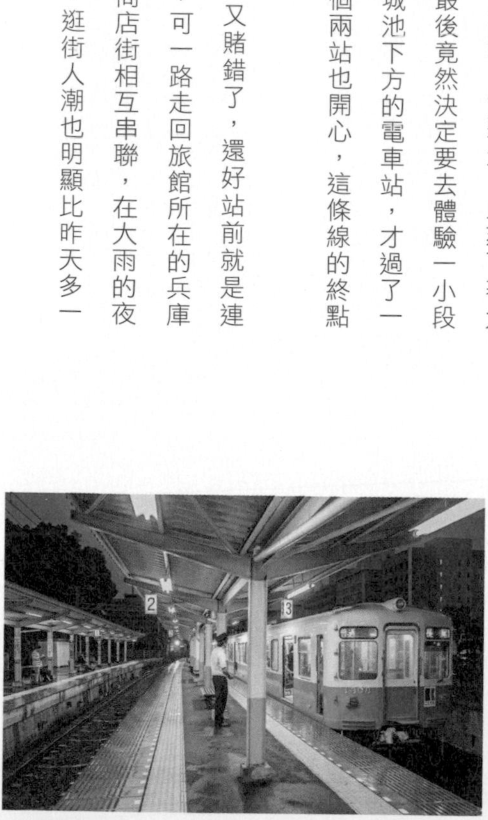

簡單晚餐後，終於結束了小島密集的建築藝術之旅，用盡了氣力、精神和日幣，太可怕了，畢竟要從台灣搭機搭火車再搭船來此，不是一件容易的事，即使這麼緊湊的旅程也僅能體驗龐大藝術能量的一小部分，絕對值得再次來訪。今晚一定要好好的睡一覺，明天早上一定要吃到旅館的免費朝食，這算是奢求嗎？只是，梳洗整理完畢已經超過半夜一點，在床上躺平後，竟然失眠，大概是累過頭了。

連趕了幾天精實緊繃的藝術建築之旅，在高松的第三個早晨終於不用再趕一大早的船班，也總算可以多睡一會兒，放慢腳步慢慢來，也終於吃到了旅館的朝食。

旅館位在中央通り的大馬路邊，是城裡最主要的聯絡道，原本應該是個很安靜的週日早晨，居然被四面八方傳來的加油吶喊聲給吵醒，原來週日清早正在舉辦自由車比賽，不過，日本人就連加油吶喊這件如此奔放豪邁的事，他們都能表現得含蓄規矩，真是很不過癮哪。第一次嘗到商務旅館的朝食，意外的還蠻好吃的，很真實的食物，飯糰、味噌湯、沙拉、漬物的日式餐點，也有咖啡、麵包的西式組合，住客們各取所需。刻意放慢步調的吃了一頓非常飽足的早餐，邊看著門外的自由車比賽，才回房間收拾行李。

退房後往火車站走去，自行車比賽仍在進行中，每個路口都有交通管制，

琴平電鐵。

所以得繞點路，拖著輪子快陣亡的行李箱，很大聲的走在很安靜的人行道上，高松的馬路很寬大，人行道也同樣非常寬大。好不容易來到火車站，跟著兩個阿嬤後頭走進站，結果後門是沒有對外開放的，又繞了好大一圈才回到車站正門。旅途中很奇妙，走錯路的機會常有，但通常不會覺得懊惱或生氣，反而會覺得好玩，或許是因為能看見沒有期待的好風景，如果日常生活中也能保有這般的ＥＱ和坦率，我們的生活或許都會容易一些吧。

瀨戶大橋

高松車站算是新穎的大站，有不少餐飲店和名產店，捨棄了自動售票機，還是去排人工售票，因為櫃台印製出來的車票比售票機印的漂亮完整，收集火車票似乎變成了一種旅途中的癖好。日本的火車票很便利，一整天不管哪個班次都能隨意搭乘，買好了往倉敷的車票，看好了螢幕上的月台顯示，進站候車，看見列車頭前掛有慶祝瀨戶內海國家公園八十週年的牌子。

前往倉敷還得再回到岡山換乘ＪＲ山陽本線，從高松往岡山走的是ＪＲ瀨戶大橋線，也是四國對外最重要的聯絡道，途中會經過知名的瀨戶大橋。這座海上知名地標橋樑是一九八八年通車，又稱備讚瀨戶大橋，連接著本州的岡山縣倉敷市和四國的香川縣坂出市，是本州與四國之間的連絡橋之一，另外兩條則是神戶與鳴門之間的明石海峽大橋、尾道與今治之間的瀨戶內島波海道，而瀨戶大橋算是最重要的鐵公路共用橋樑，上層有4線車道的瀨戶中央自動車道，我們搭乘的快速列車「Marine Liner」則走下層，稱之為瀨戶大橋線，由JR西日本和JR四國聯營，跨海大橋全長十二．三公里，橋上的海景風光讓人好期待。

跨海大橋是個重要的地理指標，串起原本兩個分隔的大島嶼，有了橋梁的連接，感覺島民的生活有了堅強的後盾，不再受迫於海上航運的限制。從高松出發的列車，行經讚岐平原的北緣，在坂出市接上瀨戶大橋，還能驚鴻一撇坂出市與丸龜市之間的讚岐富士，日本人跟德國人很類似，就連觀光景點都善用歸納整理的法則，日本境內和富士山造型類似的山頭都被歸納為「鄉土富士」，全日本約有上百座某某富士的山名，其中四國的讚岐富士知名度頗高，因為造型太相似了，就在平緩土地上凸起了一座完美造型的山丘，海拔四二二公尺，本名是飯野山。

前一夜那場幾乎成災的豪大雨，帶走了空氣中的所有粉塵，今日的藍天比往常更藍更清澈，火車疾速的飆過瀨戶大橋，車窗在巨大的鋼骨結構上一閃一閃，瀨戶內海的風景也在其間閃爍不停，大大小小的島嶼，遠近不一的分布在海上，幾乎只有天空的藍、海上的藍和島嶼的綠，毫無雜質。當我們還亢奮的沉浸在瀨戶內海海景時，景觀列車很快的抵達岡山車站，我們要轉搭山陽本線前往下一站，倉敷。◆

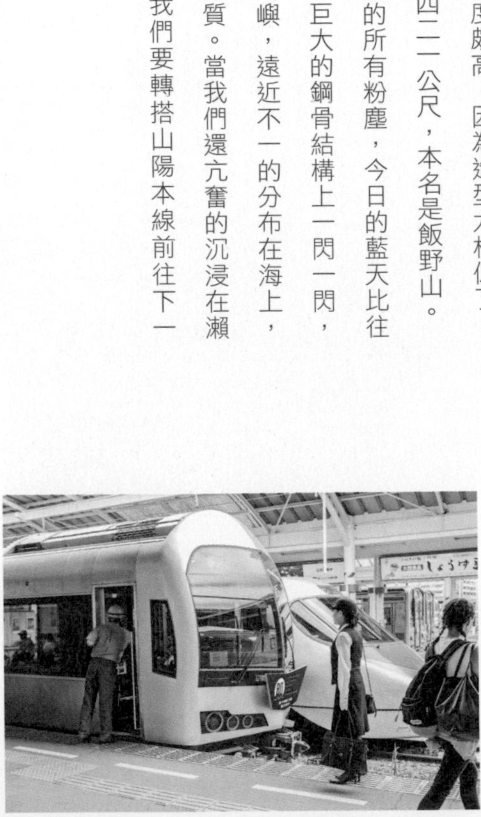

往來JR瀨戶大橋線的Marine Liner列車。

倉敷本町

美觀地區

備前燒

海參壁

林源十郎商店

倉敷，集結了歷史、文化、
建築、設計、工藝、美學的閃耀之星，
適合慢慢走，急不得。

從岡山轉乘ＪＲ山陽本線的普通列車，約十六分鐘即可抵達倉敷。這一天剛好是週日，岡山車站上來了不少當地遊客，只得一路在人群中站到倉敷，還好距離不算遠。隸屬岡山縣的倉敷市，其實是個年產值僅次於大阪的工業大城，確實很難和我們要到訪的倉敷美觀地區聯想在一起。

像我們這類在旅途中對旅館完全不依戀的旅人，尤其這趟瀨戶內海屬於高度移動的旅行，車站附近的商務旅館，倒是不錯的選擇，如果能辦一張旅館會員卡還有諸多好處，住房費用有折扣，能提早check in，在倉敷這晚還遇到會員週日打八折的特別優惠，附早餐的雙人房只要價四千九百二十四日圓，便宜到嚇人，當然也可以寄放大行李。倉敷的旅館是附近少數幾棟的高層建築，就在老城區和車站之間，地點非常便利，這一回被分配到一一〇七室，窗口面東，剛好遠遠望著美觀地區，那些優雅柔和的柳樹，近看遠觀都美。

林源十郎商店

在旅館五花八門的旅遊摺頁看板上，拿到了一份很有設計感的「林源十郎商店」紅色摺頁，一心想去尋訪，誰知竟成了這趟旅程唯一遇上的一家設計商店。

位於老街區上經過全新改造的街屋，是一整棟複合式經營的設計商店，拉開店面的玻璃木框推拉門，就好像走進了@Premium或CASA BRUTUS雜誌裡

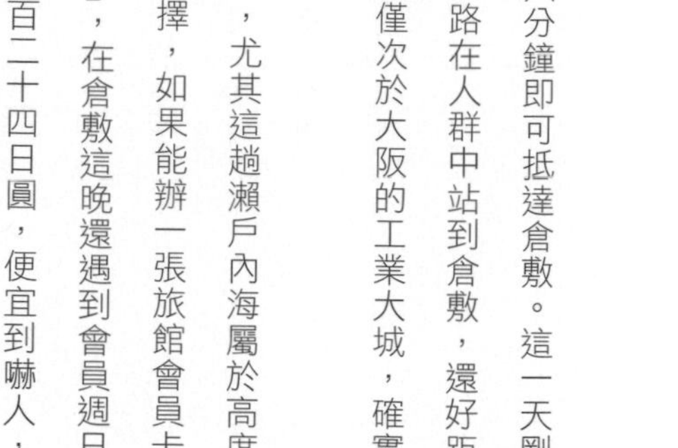

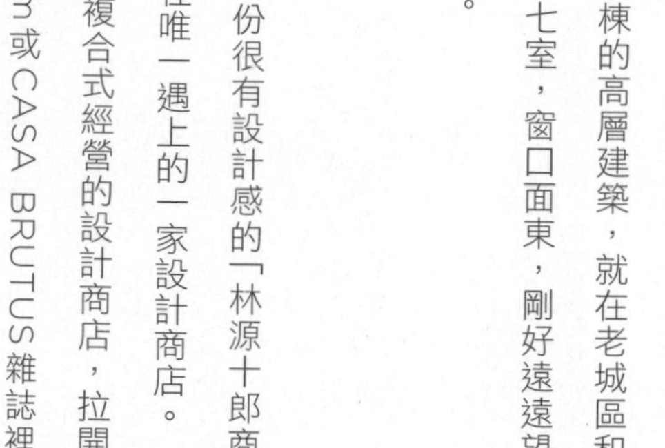

會介紹的那類日式設計生活空間，讓我們瞖上腺素瞬間提升不少。以倉敷生活設計市集為主題的空間規畫，主建築「本館」有三層樓，一樓是在台灣知名度頗高的倉敷意匠，展售了來自日本各地的手工藝設計商品，強調紙、木、布、鐵、玻璃等天然素材的工藝品，提供各地手工藝家一個展售與交流的平台，並且一起研發設計，定期舉辦企畫主題展，也有各類講座和研討會，目不暇給的陳列中，可以找到許多工藝職人的手工藝品和實用的生活雜貨。這裡是已經成立了三十年的倉敷創意計畫室第一次有直營商店，打著豐富生活的口號，企圖復興日本的傳統手工藝，再次高調宣揚日本驕傲的民藝精神，希望從日常生活用品著手，找尋傳統文化的新契機。

二樓空間是生活設計館和林源十郎商店記念室，另有座無虛席的簡餐咖啡館，三樓則是家居家飾館，有不少進口的北歐設計商品。走出主建築，來到後方的大庭園，則還有「母屋」的餐廳和比薩屋，「離れ」的單寧布服飾專賣店，「蔵」的高級西服店。另外，更讓人驚喜的是，主建築頂樓有個絕對不可錯過的開放式平台，從這裡可以放眼四周的倉敷天際線景觀，看盡本町與東町的美觀地區。這裡，從建築空間、設計商品、餐飲等各方面，都屬上乘之所。喜歡日式設計風格的人，光是在這家店的樓上樓下裡面外面的八家「衣、食、住」店鋪，足夠耗掉幾個小時的美好時光。

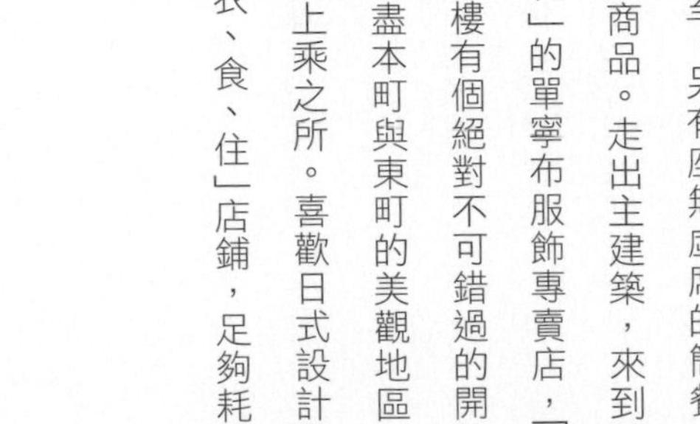

倉敷美觀地區運河景致。

日本民藝之父柳宗悅（一八八九—一九六一，東京人）在一九二八年《工藝之道》一書中提出「由職人手工製作，供一般庶民於日常使用的生活道具，謂之民藝。」那個年代的日本因為西方工業化的影響，傳統手工製造業快速消退，柳宗悅積極奔走日本各地調查傳統手工藝產業，指導職人提昇技術，並協助銷售連結，致力於改善職人生活，並在東京成立日本民藝館，希望喚起民眾對傳統工藝的重視，也讓這些技藝得以世代傳承。這一連串的民藝運動不僅延續了日本傳統手工製造的生命，也讓美走進了日常生活，無形中培養出日本民眾的美感意識，內化成無法計量的精神資產，進而影響了現代的日本工藝設計，就類似十九世紀英國藝術與工藝運動時期，威廉莫里斯（William Morris，一八三四—一八九六）極力呼籲正視工藝美感的價值，也深深影響了英國的設計美學。而當代設計大師深澤直人（一九五六—，日本山梨縣人），是日本民藝館的現任館長，也正以二十一世紀的現代美學，嘗試走出一條新的日本美學之路。

倉敷意匠計畫室似乎正在扮演著當年柳宗悅的橋樑角色，將各地職人結合現代設計觀點，以傳統手工藝技術製造出來的生活用具介紹給大眾，讓手工藝在庶民日常使用中被傳承下去。一九二八年出版的《工藝之道》，二〇一三年又重新發行中文版，書中的字裡行間所傳達的，器物之於人，不是只有消費性、唯物的，還要經年累月的使用，才能看見美，也就是柳宗悅所提倡的「用之美」。

右｜倉敷，一個充分融合生活與觀光的城市。
左｜絕不容錯過的林源十郎商店。

林源十郎商店原本是一家藥材商，一六五七年即在倉敷經營，林源十郎則是一位影響後來倉敷實業家大原孫三郎最重要的人物，大原家族一直致力於倉敷的城市建設與地方社會活動參與，在倉敷的許多角落，至今都可見到大原家族的影響力，設計商店為了感念前人的精神而沿用了這個商號，以不同的形式繼續經營。

來自倉敷的mt紙膠帶，近年來帶動的流行風潮非常不可思議，不僅在日本，就連台灣都為之瘋狂，本町老街上有一家紙膠帶專賣店「如竹堂」，小店裡隨時擠滿了購買人潮，各式各樣的紙膠帶貨色非常齊全，上千上百種的圖案隨你挑選，其中最吸引人的是以倉敷地區建築天際線和白牆格紋圖騰的黑白膠帶系列，也有地方的倉敷町家膠帶制作委員會推出具有地方特色的紙膠帶。顧客買了膠帶後，店家會給你一只空白紙袋，接著你可以恣意用店內提供的膠帶創作那只包裝紙袋，大夥兒都貼得好開心。原是倉敷工業用的膠帶，在高度創意的二十一世紀，竟翻轉成了文創小物，風靡國內外的日系雜貨迷，甚至許多紙膠帶迷會特地遠到倉敷參加限定的mt factory tour工廠見學之旅。

本町，散步

倉敷，是個富含歷史、文化、藝術的觀光城市，能滿足各式各樣觀光族群的需求，也被市民生活包圍著，是個跟在地生活融合得恰到好處的城市，市民在其

間活動購物，也會友善的跟你微笑打招呼，就連連鎖旅店的服務態度都有明顯不同，特別的和善親切，城市的尺度也剛剛好，走在街上不會太疏離，也不會太侷限，尤其適逢週日，許多市民穿梭其間，或散步或遛狗或騎單車。週日的遊客數雖多，但還不到失序的地步，品質也還不至於失控，本町的各家名店，像是三宅商店前有大排長龍的遊客等著吃美食，但你可以選擇不排，用自己的步調閒逛，絕不會有壓迫感。我們在倉敷川畔廣榮堂本店的倉敷分店，搶購了兩串中秋節應景的月見糰子，找了個僻靜的後巷，坐在台階上慢慢享用，大概是好不容易搶來的，感覺特別好吃。

倉敷街道上最鮮明的就是なまこ壁(Namako wall)，字面上直接翻譯是海參壁，是日本特有的風土建築外牆元素，黑灰色的平瓦貼在牆上，白色半圓柱形的石灰條貼在瓦上，主要用來防水、防火，後來演變成了誇張的裝飾，可以排列出各種幾何圖案，黑白分明得非常醒目。這類的建築風格主要出現在西日本地區，除了倉敷市的倉敷美觀地區，其他知名的還有廣島縣東廣島市的酒蔵通り、山口縣萩市的菊屋橫丁、福岡縣うきは市的吉井町「蔵しっく通り」，以及關東地區的靜岡縣松崎町與下田市等區域。近代許多洋房中也喜歡引用這類圖騰設計，成了一種日本符號的印象。

倉敷靠海，古代是備中國南部的物資集散地，歷史發展由來已久。根據文化

能滿足各種觀光族群的需求，也被市民生活所包圍著的倉敷本町，是個友善親切的文化之城。

本町
11

財保護法所劃設的「重要傳統的建造物群保存地區」，劃設有城下町、宿場町、門前町、寺內町、港町、農村、漁村、商家等不同類別，目前全日本有一〇九個保存地區，倉敷川畔和鶴形山南麓之間的倉敷美觀地區則屬於商家町。

倉敷川畔的精華區集中在本町、東町一帶，遊走其間，一棟一棟列管保存的白牆黑瓦傳統建築，讓人目不暇給，大原家住宅、昭和天皇下榻過的大原家別館有隣莊、倉敷館、井上家住宅、楠戶家住宅、近代化產業遺產的大原家族紡織工廠所改建的倉敷常春藤廣場、中國銀行倉敷本町出張所、倉敷郵便局改建的三樂會館等，一路上盡覽傳統建築之美。最醒目的地標則是昭和五年（一九三〇年）設立的日本第一座西洋美術館「大原美術館」，來自當地的紡織企業家大原孫三郎的個人收藏，營運至今，館內有質量非常豐富的西洋美術品館藏。

備前燒

本町上中國銀行倉敷本町出張所前，要往鶴形山的登山階梯旁，有一家掛著備前燒布幔的老店，店門前兩尊樸實的陶偶很吸睛。從岡山到倉敷，一路上不斷被提醒著備前燒，這是日本六大古窯之一的陶器，特色就是不上釉也不彩繪，完全的樸拙手感，產地在岡山東邊的備前市，約從一千年前的平安時代開

始發展，到了五百年前的安土桃山時代，被廣泛用在茶具上，也就是一代茶聖千利休的茶道年代，到了江戶時代因為彩繪上釉的瓷器盛行一時而衰退，直到二十世紀初的大正時代，岡山出身的陶藝家金重陶陽（一八九六－一九六七）重新製作了備前燒，才再度讓世人看見備前燒所傳遞的樸拙美感。

《工藝之道》一書中曾提出十一項符合工藝之美的法則，柳宗悅認為這如同一朵花蘊含著大自然的法則，一件器物上也寄託著工藝的法則。其中工藝法則第八條：『正確的工藝居於自然。正因為仰賴天然，使得工藝之美富有地方色彩，即是地方特性的表徵，工藝有著各自的故鄉，因而會出現以故鄉之名命名的情形。』備前燒就是依附當地特性所製作出來的陶器形式，反映了當地的氣候、土壤、生活觀、美感與價值觀。工藝法則第十一條：『在工藝的領域裡，單純是美的主要元素。反映在造型、材料、紋樣、色彩、製作過程中』。誠如柳宗悅所述，過於複雜的工藝品最後只會帶來混亂，而成就以上種種的是製作者的「心」，唯有一顆質樸的心，才是真正對器物最好的，但是單純並非單調，而是蘊含了深厚的文化內涵在其中。備前燒之所以吸引我們，或許就是基於上述的理由。真想去逛逛每年十月第三個週末在伊部駅前盛大舉辦的「備前燒節」，據說兩天的市集會結合當地各家備前燒製品，可以撿到許多物美價廉的寶貝。

右｜阿智神社山腳下的街道。
中｜美觀地區商家町的傳統建築。
左｜備前燒。

美觀地區

傍晚，從本町的中段往鶴形山頂的阿智神社爬上去，越往上走感覺越陰森，天色漸暗中穿過了樹林和墓園，又夏日傍晚多到嚇人的蚊子大軍，繞了一大圈終於走到神社，從平台上可以俯視沉浸在黃昏色溫中的倉敷城，只是一邊賞景一邊拍照還得一邊打蚊子，很困擾。剛好遇上了神社正在準備即將開始的晚會活動，特地為中秋舉行的吟詩奏樂盛會，工作人員忙碌地擺放椅子、布置場地，重點是椅子下方得綁上一圈又一圈的蚊香。又圓又大的金黃月亮，在神社建築群上方的天空緩緩升起，另一邊則是黃紅的夕陽，如果沒有蚊子大軍，真想留下來看看吟詩晚會。這幾天的ＮＨＫ新聞不斷放送著東京地區的登革熱疫情失控，連代代木公園都關閉了，此刻的狀況真讓我們有點擔心。

一整天下來，沒有特意要走的角落或目標，一直很有默契的和最熱門的倉敷川畔保持著距離，在本町的各個角落走了一大圈，傍晚，等人潮逐漸散去，還原了街道的清幽後，我們才真正走到倉敷川，藍色的天光漸暗，黃色的路燈點亮，兩相映照在河面上，沿岸的柳樹隨風輕飄，怎麼走都覺得像是走在刻意打造出來的電影文化城裡，但卻是真實的存在，連本町外圍的工廠建築外牆都是菱格紋的裝飾，整體維持著一定的風格和美感。

倉敷美觀地區還有另一種美，那就是夜的倉敷，夜間燈光是由知名的照明設

由鶴形山頂的阿智神社俯視倉敷美觀地區。

計大師石井幹子（一九三八－，東京都人）一手打造，石井幹子從一九七〇年的大阪萬國博覽會開始，即在日本的照明設計界發光發熱，由她經手的照明設計案非常多，有活動式的大型展覽會，也有城市或建築的照明，像是大阪市、函館市、姬路市、北九州市、白川鄉合掌聚落、東京鐵塔、淺草寺等，都是她的設計作品。倉敷美觀地區的夜，或許比白晝來得更吸引人，夜間燈光一方面要明亮，一方面又要兼具古城氣氛，是一門不簡單的學問。倉敷，在旅途中絕對是個集結了歷史、文化、設計、美學的閃耀之星。

逛完了倉敷川的夜色，開始尋覓晚餐，一路走回旅館的路上，看見了路旁一塊立牌上寫著「一生懸命」經營的家庭式餐館みそかつ「梅の木」，從窗戶的隙縫瞧進去，氣氛感覺不錯，勇敢的推開大門走進去，是一間家庭式的小餐館，由認真嚴謹的父子掌廚，菜單很簡單，價格只有兩種，季節限定一千八百円，定食一千一百円，大家似乎都點了招牌的味噌豬排，和我們印象中的豬排不同，裹了粉炸成橢圓形的豬排，醮上了店家特製的味噌醬，果然獨特好吃，季節限定特餐則多了涼拌海鮮、煎魚、配菜、茶碗蒸和一盆迷你紙火鍋，當然，還有總是好吃的白米飯，也難怪整家店一直維持滿座的狀態，旅途中能遇上這樣的店家，真是求之不得的美好。

倉敷之行，為什麼讓人感覺特別愉快，大概就是因為喝到了一杯很有文化的咖啡和一頓很豐足的晚餐吧。◆

倉敷夜色。

夢空間
はしまや

倉敷東町

吳服店
夢空間
喫茶店
藝文沙龍

來到倉敷，
別忘了鑽進吳服店側邊的狹長防火巷，
走進這家深不可測的夢幻咖啡館，
來一杯讓人懷念的純粹咖啡與昭和年代的美好人情。

倉敷那杯有文化的咖啡，就是這裡了。

走過觀光客聚集的本町，來到相對安靜的邊陲東町，想找一家名叫夢空間的咖啡館，如果不是心裡堅持著一定要去看看，很可能就這麼錯過了這個讓人驚喜的老空間，倉敷的旅行也不會這麼完美了。我們很喜歡倉敷，但也必須老實說，這裡是個知名的觀光景點，遊憩品質不至於太失控，但總是因為太過熱鬧而多了點空虛，尤其本町上的排隊名店確實讓我們害怕，所以沿著最熱鬧的老街一家走過一家，竟提不起消費或吃喝的慾望。

最後，走到了盡頭，感覺已經是老城區的邊緣，很沒有信心的過了馬路再往前瞧瞧，路的這一頭是東町，終於看見了左側第二家的吳服店，卻怎麼看都不像是我們要找的咖啡館，疑惑的走進去，這是一家當地很有歷史的吳服老店舖，探頭探腦後，店裡的人示意我們要找咖啡館嗎？用手指向屋子的後方。原來，町家長屋的後面可是大有乾坤，咖啡館的入口其實是藏在吳服店旁的窄巷弄中，我們一不小心就錯過了入口。

循著細長的防火巷弄，兩側是傳統町家的側面燻黑木牆，來到了縱深很長的吳服店後方，看到了一個不起眼的木製小招牌，終於找到了。跨過狹窄的木門框上的門檻，下午的光影正灑在日式庭園裡，有造景、有石墩、有松木、有當代藝術品，很自然和諧的隨興擺放著，但不是日本人那種正襟危坐型的，又狐疑的在

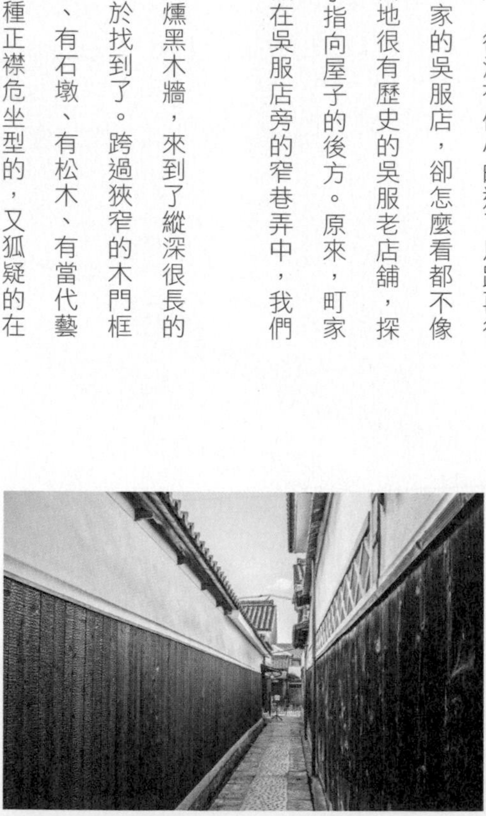

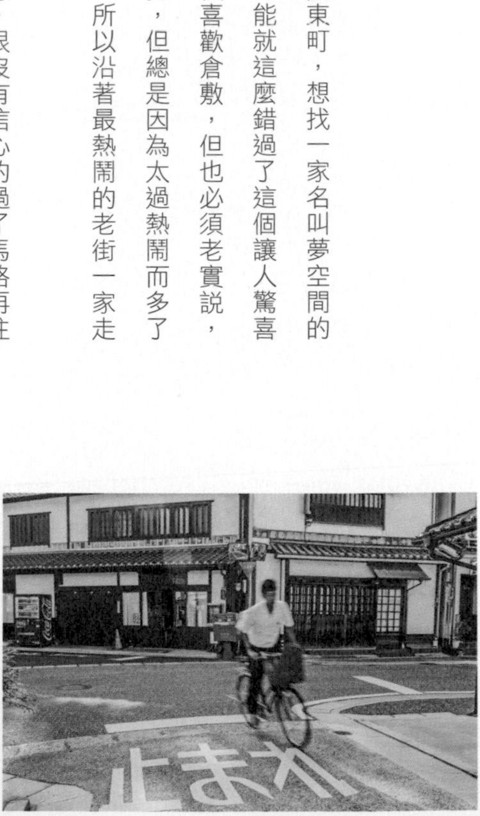

庭園中東瞧西瞧，吳服店裡的工作人員不時進進出出，正在招呼著高級訂製服的客人，也沒太搭理我們。

決定跨上幾個石階，拉開木門，不自覺的「哇～」了一聲，就是這裡，空間裡的交談聲、廚房裡的杯盤碰撞聲，好不熱鬧。獨特的挑高空間，一樓和夾層高朋滿座，一時之間還找不到兩個人的位置，年輕女服務生上前來招呼，聽到我們不諳日文，趕緊退了回去找救兵，竟出來了一位著和服的阿嬤，風韻猶存的日本阿嬤微笑的招呼我們，而且說得一口流利的英文。她馬上在正中央的大長桌上硬是挪出了兩個位置給我們，鄰座的兩位日本女人溫婉禮貌的和我們打了招呼，感覺像是從日劇裡走出來的貴婦人，一位著和服、一位著洋服，衣服的款式布料和身旁的那個包都非普通之物。坐定後，她們竟然也用英文和我們聊起天，這裡真是個奇特的地方。

著洋服的貴夫人，剪了一頭俐落的短髮，看起來是位很有朝氣而且精明能幹的女士，年紀約六十歲左右，說著流利的英文，她是倉敷在地人，帶著另一位著和服從奈良來的好朋友來此喝咖啡，她們很訝異我們如何知道這麼隱密的在地咖啡館，熱絡的聊了許久，問了我們此行的旅行計畫，對日本的印象如何等等，最後，問了一個讓我們開心很久的問題，「兩位是學生嗎？」真心希望我們還定格在那學生時期的青春歲月中。

右｜東町街景。

左｜cafe入口隱身於防火巷內。

はしまや

期間，高朋滿座的空間，客人陸續離開，兩位貴夫人也起身結帳道再見，閣樓上的那一大組客人也準備離開，瞬時，只剩下兩桌客人。接著，進來了一位笑容滿面的老先生，竟然也能通英文，很熱情的簡介了這家咖啡館是吳服店的倉庫改建而成，他點了一杯咖啡和一塊羊羹，客氣的要與我們分享。躲在傳統日式町家後方的咖啡館，是倉敷給我們最深刻的印記，甚至遠大於倉敷美觀地區的華麗風景。木造的老屋，挑高的倉庫空間，中央的長木桌、平台鋼琴、當代雕塑品、夾層的閣樓空間，還有正在展出的日本旅行家加藤千洋的日本風景繪畫展，畫展內容是加藤千洋（一九四七－，東京都人）主持BS朝日電視台旅行節目「にほん風景遺産」期間的創作，關於日本各地的風景、文化景觀、生活細節等，很細膩的繪製手感，放在溫暖的歷史空間裡，調性剛剛好，我們很認真的端詳許久。

這裡不僅是一棟被文化廳登錄保存的文化財建築，更吸引人的是場景裡的人事物，老闆和客人之間彼此熟識，會熱絡的寒暄幾句，就像電影或日劇裡刻意打造出來的完美場景，竟然就在眼前真實上演，而我們就像是進劇院看戲的觀眾，一幕又一幕，安靜溫暖的進行著，這裡的食物一樣是不喧嘩的低調純粹，放在桌上一小張的menu寫著，冰／熱咖啡、茶、蛋糕、羊羹四種選項，要多也沒有了，這樣才有機會喝到一杯好咖啡和吃到一塊好蛋糕。

吳服指的就是和服，「吳」來自中國三國時代的吳國，專指由吳國傳至日本

上｜由倉庫改建而成的挑高咖啡館空間，溫馨懷舊的氛圍，已成為倉敷的文化沙龍與交流平台。
下｜通往夢空間的狹窄通道。

的紡織品或紡織法織出的布匹，主要是指絲織品，江戶時期賣布匹或訂製服的店鋪通稱為吳服屋，裁縫師稱為吳服師。日本人原本將其民族所穿著的衣服稱之為「着物」，一直到明治時代的明治維新，洋服被引進日本，為了區分而將其傳統服飾改稱為「和服」，西方傳入的衣服則稱為「洋服」。現今，在日本許多地方，仍可見到吳服店的老招牌。

東町這一帶的興盛繁榮一直到明治二十四年（一八九一年）山陽本線鐵路通車後，商業區轉往車站前一帶發展，才逐漸安靜下來，東町很幸運的沒受到戰爭波及，昭和五十四年（一九七九年）被指定為「重要傳統的建造物群保存地區」，屬於商家町的類別。吳服店原是楠戶家居住的傳統建築，位在海拔僅三八．六公尺的鶴形山南麓，楠戶家一開始在干拓地（polder，意指將淺海或潟湖的水抽乾而成的陸地）和高粱川沖積平原上的農田種植棉花，而後在明治二年（一八六九年）創立了現在我們看到的はしまや吳服店。建築物是明治十五年以近畿地方的町家樣式為範本，委請京都的建築師設計，由奈良的工匠建造完成，屋前有一盞銅和玻璃製的路燈，也是明治時期的特有產物，屋裡更有當時特別從德國進口的彩繪玻璃。

昭和三十年代到四十年代期間，はしまや吳服店也曾接待過許多世界各地來訪的民藝家，進行文化交流，直到平成八年（一九九六年），成了岡山縣第一個被指定為「文化廳の文化財登録原簿」的重要文化財。屋後的老倉庫則改建為對外開放的咖啡館與藝文空間，不定期舉辦各類型音樂演湊、文化講座或藝術展覽，吳服店每年也舉辦衣賞展，在蝸牛庵茶室舉辦茶會，致力於推廣日本傳統文化，夢空間，可以説是倉敷的當代藝文沙龍。有機會走訪倉敷，別忘了彎進狹長的防火巷，走進這家深不可測的咖啡館，來一杯讓人懷念的最純粹的咖啡。

為何在國外，一棟老倉庫改建的咖啡屋會這麼吸引我們？英國作家艾倫狄波頓（一九六九－）這麼解讀過，『異國魅力就是來自新奇和變化。我們珍視異國元素，不只是因為新奇而已，這些在自己國家找不到的元素，似乎與我們的認同和志向契合。』就是最後這一句吧，旅途中會讓你感動的，也就是心中一直在找尋的。異國風情讓我們著迷之處，或許就是我們在自己家鄉渴望而得不到的東西。◆

上｜右側是吳服店的接待所，左側是咖啡館入口。
下｜吳服店入口。

ほっとして、ホッとする。
あったか、
いい町、倉敷。

登録有形文化財
第33-0001~0005号
この建造物は貴重な国民的財産です
文化庁

吳服店的傳統建築，是岡山縣第一個被指定為「文化廳の文化財登錄原簿」的重要文化財。

孔雀荘
お好み焼
鉄板焼
てんてん

老尾道

東京物語
尾道七佛
千光寺
纜車
貓
文學

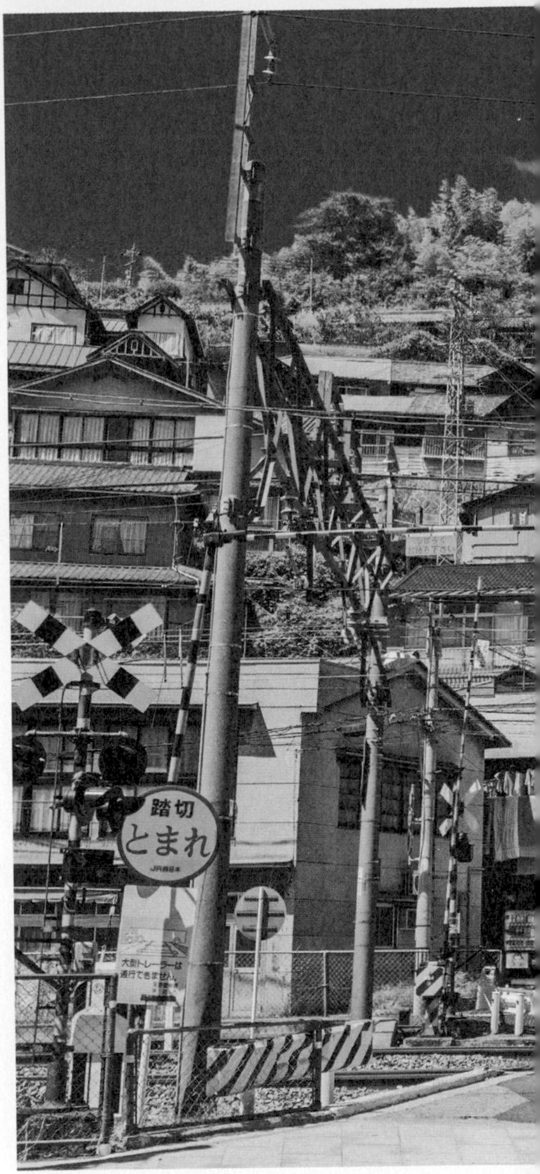

小津安二郎〈東京物語〉中的原鄉印象，
淨土寺到千光寺的七佛之路，
水平與垂直的視覺饗宴，
還有迴盪其間的JR山陽線鐵道聲，
成了旅途中印記最鮮明的一站。

旅程來到了中段，很訝異怎麼還沒到撞牆期，或許是每天都換了一個新地方，所以還保持著高度的期待，之前的日本行總是在東京、京都，每每一待就一週，每天走同樣一條路回同一家旅館的同一個房間，所以，很快的產生疲乏，但只要熬過了那個疲乏，又能夠繼續許久，甚至捨不得回家，這也是旅行有意思的地方。

山陽的天氣，一天比一天好，果然不負晴天王國的美稱。

日本人，幾乎可以等同於禮貌機器人，他們的微笑其實多半不帶情感的，但絕對是客氣有禮，不至於讓你感到不舒服，這點跟英國人很相似，對於旅途中短暫停留的外國旅客來説，這點倒還不錯，但不確定長居久留之後，這樣的禮貌會不會成為一種負擔。

一早，在旅館用過豐盛朝食後，乘著西行的ＪＲ山陽本線，來到了尾道。尾道在我們心中，是此趟旅程的重點，也不知道為什麼，對它的海港、對它的山城、對它的鐵道、對它連接四國今治的瀨戶內島波海道（瀨戸内しまなみ海道），有著無限想像。抵達尾道車站，又是一個天光無限好的日子，尾道從地圖上看來，應該是個很重要的城鎮，有得天獨厚的地理條件，可是實際上卻是一個沒落的海港山城，可以從這裡竟然沒有商務連鎖旅館的分店略知一二，表示這裡沒有太多遊客會停留住宿。

尾道的舊，是舊到骨子裡的舊，但況味十足。這裡有最真實的生活場景與歷史氛圍，值得旅人細細品味。

お知らせ
半額
火の用心

尾
道
消火栓

在車站裡小小的觀光案內所窗口要了幾份當地的旅遊摺頁，我們堅持用一口破日文跟櫃台裡的服務員問問題，但櫃台裡的小姐也堅持用日式英文回答問題，一問一答還真有趣，這樣竟然也能溝通。很多朋友問我們，不會日文能去日本旅行嗎？當然沒問題，人與人之間的溝通不一定要透過言語，比手畫腳也是行得通的，我們也沒有辦法通歐洲各國的多種語言，不也是能在那塊古老的大陸上暢行無阻，這個世界對旅人，其實是很友善的。但此行之後下定決心，為了旅途中能更盡興，一定要把日文給學好。

因為對尾道有著莫名的想像，行前在這裡訂了兩晚民宿，民宿通常比商務旅館貴上許多，幾乎是倉敷旅館的兩倍價，而且還不能刷卡，但旅途中偶爾就是執意要這樣、要那樣，非得要爬上那個山頭遠眺不可，非得要去哪裡喝一杯咖啡才行，非得要千里迢迢去看一棟建築，非得要到那個美術館看到哪個作品，就在這樣的堅持中，完成了每一趟屬於自己的旅行。在網路上找了一家離車站不太遠，離ONOMICHI U2也不太遠，又能略通英文，重點是可以網路訂房的民宿。我們從車站拉著行李漫步前往，沿途很新鮮的嗅嗅這個城市的味道，不料在民宿門口等了約五分鐘都沒人回應，正準備要放棄再把行李拉回車站寄物時，在路口看見老闆娘開著一台豬肝紅Lexus匆忙趕來，難不成門口裝了監視器，不然怎麼知道我們一早來敲門了。

說著濃濃日本腔英文的熱情老闆娘，堆滿了整臉的笑容，穿著剪裁合身的無袖洋裝，很洋派作風，和一般傳統的日本女性很不一樣。在寬敞的玄關脫鞋，進入高一階的室內，喜歡這樣的緩衝設計，這種高一階的設計源自於日本傳統民居的土間，以往是作為工作場所，現代民居的土間則已經縮小成為玄關的功用，讓房子裡保有室內外的區隔，一踏上木地板的右側是客廳，左側是餐廳和廚房，再往裡面則是她自己的房間，客廳旁有公用的浴室和洗衣間，木質室內風格有點日式夾著美式鄉村風，老闆娘邀請我們坐下來喝了一杯煎茶，順便填好住宿資料，付了兩晚不含早餐的現金，丟下兩只大行李，我們輕裝出門探險去了。

JR山陽本線穿過的山城海港，確實多了一份浪漫，不時可聽見噹噹噹的平交道聲和列車經過鐵軌的叩嚨叩嚨聲響，這是一種城市的深刻記憶。鐵道經過的城鎮，例如鎌倉，總覺得特別有韻味，日本鐵道總是和市民生活融合在一起，不覺得特別干擾，日劇〈倒數第二次戀愛〉（最後から二番目の恋）中，男女主角每天下班回家，總得在神社鳥居前等待平交道的場景，讓人好生嚮往。為什麼鐵道和平交道在台灣卻聲名狼藉，鐵道經過的地方總是大家不願見到的後巷，每個城市總是想盡辦法要地下化、高架化，急著和它撇清一切，認為它是城市發展的一大毒瘤，其實，也可以有機會和平相處的，或許我們都太不浪漫了。

此時，陽光耀眼的讓瞳孔都睜不開，太陽眼鏡也一路無法拿下來，尾道的尺度說大不大、說小其實也不小，光是山坡上就有數條路線，有寺廟神社主題的、有文學電影主題的、有美術館博物館主題的，一時很難決定。旅途中的抉擇也算是一種賭注，有可能走了一條冤枉路，什麼風景都沒瞧見，也可能撿到一條沒有預期的好風景，當然也可能誤入險境，通常只能在地圖上先描繪個大概方向，順其自然的往未知的世界走去，好比人生的道路，好或壞，總是得自己走過了才明瞭。

明治味本通り

在火車站前猶豫了一會兒，近午的烈陽下，決定經過懷舊復古風的本通り商店街，沿途逛到商店街的盡頭，再從那裡往山坡上走，跟著最知名的尾道七佛之路繞一大圈回來，從地圖上比劃起來看似很可行，也能把多數的景點都走過一遍，打好了如意算盤，進入了有頂蓋的涼快的商店街，準備輕鬆愉快的逛大街。

一開始，還滿懷期待的很興奮，像是穿過時光隧道來到了某個年代，發黃的物品、昏暗的燈光、破爛的招牌、年邁的老闆、詭譎的貨品，就如日文旅遊書上強調的明治時代的商店街，我們帶著一點尷尬走進文具店、廚具店、五金行，顧店的老公公與老婆婆會馬上站起來盯著你，買一張明信片的交易都能像電影中定格的畫面，要好久好久。越逛越不對盤，一路見識了尾道的沒落與老掉牙，絲毫引不起購物或觀賞的慾望，泰半的商店不是沒出租就是今日閉店，一派蕭條狀。

上｜有著濃郁懷舊復古風的本通り商店街。
下｜港邊的胡神社，不甚起眼卻很有味道。

御神燈

胡神社
日立造船

這一天剛好是中秋，日本也有中秋，常稱之為十五夜，只是明治維新之後，中秋等農曆上的節日早已式微，商店街上的名產老店桂馬蒲鉾，專賣魚板甜不辣的老店舖，二〇一三年才剛慶祝開店百年紀念，傳統樸實的店舖裡，看到了布置「月見」的應景裝飾，推出幾款月見禮盒，有幾隻白兔點綴其間，這大概是商店街上唯一可見的中秋畫面，只是這可不是甜甜的月見糰子，試吃了可當零食乾吃的魚板甜不辣，雖然標榜瀨戶內每日新鮮魚產製成，絕不添加防腐劑的各式甜不辣，拿來當配酒菜應該很不錯，但不適合我們帶著一路旅行。

商店街上有家舊澡堂「大和湯」，湯屋已改建成懷舊商店和喫茶店，但怎麼還是沒開店營業，另有兩家本地工藝特產尾道帆布，很想支持在地傳統手工藝，非常認真的在店裡來來回回找了又找，就是找不到適合的實用款式，帆布包用料太實在，以至於包包本身的重量過於厚重，手工製的價格也不斐，就只好純欣賞了。途中經過了郵便局，進去打算買幾張郵票，準備貼明信片用，看到幾套設計精美的日本郵票，但任憑怎麼問都是已經售罄，殘念。

以為是一條短短的懷舊商店街，以為蕭條的沒什麼特別好玩，兩公里的距離還是讓我們逛了兩小時，終於筋疲力竭的走到底端，淨土寺的下方。穿越國道二號的紅綠燈，爬上階梯，再穿越山陽本線鐵道下方的涵洞，階梯繼續往上來到淨土寺，終於，要開始我們的尾道七佛之旅。

上｜土黃色塗裝的JR山陽本線列車，是尾道地景中不可或缺的強烈印記。
下｜懷舊商店街。

日立造船 向島工場

十字路
CROSSROAD
柳幸典
石内都
ブルース・コナー
原口典之
十字路 CROSSROAD
2014.9.13 - 10.26
尾道商工会議所会員章

GUESTHOUS
あなごのねど
ANAGONONEDOK
特製
氷
カフェー

湯
男
YOU·YOU

保留著明治時代氣氛的商店街，
有棟舊澡堂「大和湯」，
現已改建成懷舊商店和喫茶店。

七佛之路

尾道的寺廟與神社的數量之多，光是登錄在觀光網頁上的就超過四十家，

尾道七佛之旅是一條串聯七大知名佛寺的路徑，隨著地形高高低低在山坡上上下下，走來可說是非常有趣，也非常累人。一開始雄心壯志的一定要走完七大佛寺，蓋滿七個寺廟的紀念章，但是以我們這種龜步的方式和東張西望的模式，一下被這個吸引、一下被那個吸引，不時的鑽進其間的小巷小弄，再停留多拍兩張照，確實是有點困難，就隨心所欲的走吧，自然也能走出自己的一番風景。

其實，大部分的遊客都是從火車站那一側登上最高點的千光寺，就已足矣，我們則執意要走尾道七佛中最期待的淨土寺，而決定從最遠端走回來。淨土寺為何非去不可，因為看了小津安二郎於一九五三年拍攝的〈東京物語〉某一場景後，就決定非得親自來走一趟。尾道就是〈東京物語〉中那一家人的故鄉，劇中的老父親知道老伴離世後的那個早晨，獨自外出散心，後來和媳婦一起遙望海景的拍攝地點，就在淨土寺。劇中也出現了廣島行列車經由吳線、經過大阪、尾道等這些場景，雖和真實場景的前後順序或有交錯，但就是把尾道形塑成了電影中故鄉的原貌。

〈東京物語〉是一部影響世人相當深遠的電影，探討了日本社會的真實生活樣貌與家庭倫理問題，不僅是小津安二郎的代表作，也是電影史上的經典傳奇。在

他逝世五十週年的二〇一三年，日本導演山田洋次拍攝了一部〈東京家族〉，以此向小津安二郎致敬的新版電影，用東京現代的生活方式再次演繹相同的故事，一樣感人。而二〇〇八年，德國女導演多莉絲朵利（Doris Dörrie）拍了一部〈當櫻花盛開〉（Cherry Blossoms），也同樣取材自〈東京物語〉，講述一名在老婆死後遠從德國到東京找尋老婆心中美景的感人故事，如果可以，這三部電影可一氣呵成的看完。

日本動畫電影〈給小桃的信〉、〈崖上的波妞〉也都以這一帶的瀨戶內海為故事背景，從電影到現地，可以看到許多似曾相似的畫面，尾道似乎是許多電影裡的原鄉。攝影家森山大道認為，『遠離故鄉後，一個人在遠方煩惱或受到傷害時，人們在心中，就會回到另一個國度，那裡有故鄉和煦的陽光和微風。』是的，尾道給人就是如此的原鄉印象。

走在尾道的山坡上，不僅寺廟一間又一間，住家、學校、小商店、小食堂、機關建築，還有那一片又一片廣大的墓園也散落其間，是個很美很靜的山城，山坡上的視野一會兒近一會兒遠，時而穿過寺廟周圍成千上萬的墓園，若不是在豔陽下的午後，這樣的墓園規模實在令人毛骨悚然。途中穿越了很多人家的門前小徑，也藏有不少大戶人家，更多破敗荒蕪的家園，但就是沒見著半個人影，山城裡的人們都去哪兒了呢？

13-12
長江一丁目
13
おのみち
身近な人に防災品を
動物は
正しく飼いましょう

由高處從不同視角遠眺，欣賞著規矩幾何、因為地形起伏而相互交疊的建築，元素多樣卻不覺得紊亂，建築家原廣司對於聚落屋頂與地形的觀察，曾說過：「屋頂，整治了所有混亂（各異的牆面與地板面）。因此，屋頂呈現了共同體的象徵，賦予區域特色的秩序……建築就是全新的地形，而聚落是建築的集合體，也就是新生的地形。地形概念與氣候分區是截然不同的，地形是微觀且普遍的觀點。」這些觀點不管是用來解釋尾道，亦或其它迷人的歐洲山城都相當適合，符合這些條件的聚落或城市，在某種程度上都是迷人的。

千光寺，遠眺

寺廟中最知名的就屬西元八〇六年開基的千光寺，要登上位在山頂的千光寺，可以從四面八方的步道徒步上山，也有纜車輕鬆上山，我們走了兩公里的商店街，又走了高高低低的七佛步道來到半山腰，實在體力耗盡，決定買兩張單程票上山。買好票、搭了電梯到纜車車廂的月台，車廂裡已有四組乘客候著，時間未到，大夥兒安靜無聲地等了一會兒，接著，從管控室裡出來了兩名著制服的女性，一位站在月台上面無表情的行禮，一位拿著無線麥克風進入車廂，隨即關上車門，她開始講了一長串搭乘時的安全注意事項，充分展現很注重ＳＯＰ的日本風格，一樣是面無表情。

隨著地形高低，不斷在山坡蜿蜒上下的七佛之路，有寺廟、民宅、神社、小徑、樹林，還有無數的墓園。

隨著車廂緩緩上升，視野越來越好，整個尾道的山景和海景就像相機變焦鏡頭般的zoom in & out，慢慢拉廣慢慢拉遠，這個傍晚依舊是晴朗無雲的好天氣，整個瀨戶內海的黃昏景致盡收眼簾，手上的相機也幾乎沒停過，每個角度都讓人不想錯過。抵達山上的月台後，還要再走上一小段路才能抵達山頂，視野最好的地方在一棟奇醜無比的圓形建築頂部露台，三百六十五度的視野，清澈的幾乎可以看到越過好幾座島嶼之外的四國。

瀨戶內海上的遠近島嶼清晰且富層次感的羅列眼前，千光寺下坡處的尾道市立美術館也很吸睛，這是安藤忠雄二〇〇三年的建築作品，一九八〇年尾道放送局的改建案，逆著光的玻璃在山坡上閃閃發亮，只可惜，我們造訪的那幾天館方正因換展閉館，讓我們千里迢迢想來朝聖的心情，稍微失望，但還好山頂上的視野讓我們完全忘了這個小小的遺憾。近傍晚的陽光仍然耀眼，我們一路戴著太陽眼鏡，否則幾乎到了眼盲的程度，又不時得看著強光下的相機螢幕，實在傷眼。在山頂露台上請一位年輕日本人幫我們拍合照，他一聽到我們來自台灣，興奮的說他下個月也計畫要到台灣旅行，然後一股腦兒非常熱情的把他在哪裡工作住在哪裡和盤托出，最後才依依不捨說再見，也是有很熱情的日本人呀！

我們只買了單程纜車票，決定在天黑前步行下山，體驗一段知名的文學步道和貓道，來無影去無蹤的貓兒和陰森的七佛之路很搭，沿路又是蚊子大軍傍晚出動的時刻。伴著在山谷中迴盪的山陽本線軌道聲下山，終於在天黑前，又回到了山下的平交道，平交道位在比馬路高一層的人行步道之上，偶爾一列山陽本線的土黃色塗裝火車通過，噹噹噹的平交道聲響、嚨嚨嚨的鐵軌聲響，不時在七佛之路上聽見，更加深了我們對尾道的印象，聲音似乎也是一種重要的記憶方式，至少在尾道行得通。

是因為中秋的關係嗎？商店街上的人比白天更少，傍晚幾乎都打烊了，比起中午的蕭條，此時更顯蕭瑟。好沮喪的中秋夜，我們繞了整個商店街最精華的地段，就是找不到一家可以坐下來晚餐的餐館或小食堂，只能在車站前一家拉麵小店，跟著一群當地的高校生和剛下班的上班族，坐在吧檯前吃一碗拉麵止飢，無敵鹹的拉麵，搞得我們味蕾和心情都壞了。

撞牆期與老民宿

晚餐後，在車站前的福屋百貨地下超市買了一些水果、零食、啤酒，準備回民宿休息，時間又是八點過後，又再次破紀錄的走了一萬六千二百一十九步，雙腳早已不聽使喚。回民宿還得面對仍然很熱情的老闆娘，聽她介紹這家有七十年歷史的小旅館，她已經是第三代經營者，屋裡的很多物件都頗具歷史，她的公公也曾在台灣住過一段時間，曾經在小學裡教過音樂之類的。

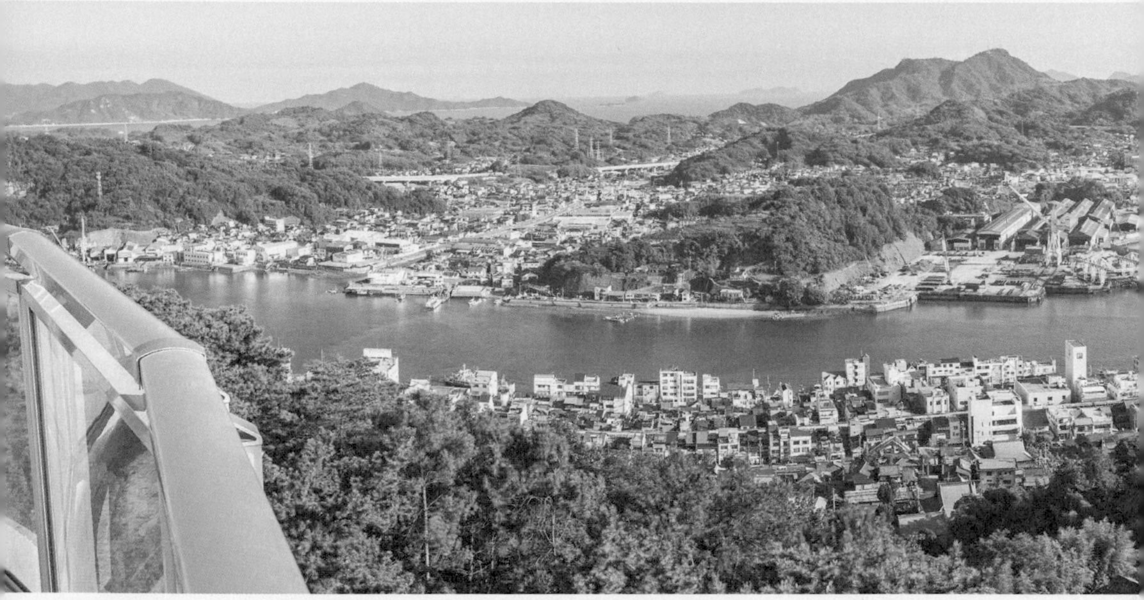

位在山頂的千光寺，是登高遠望的絕佳選擇，瀨戶內海水平線上的遠近島嶼與全景天際線，完全羅列眼前。

對照旅行回來後才讀到的《灣生回家》的故事，尾道這裡很有地緣關係，說不定她的公公正是那個年代的灣生，也和台灣有一段緣。

終於，從一樓到三樓的每個房間和設施都仔細介紹過一遍後，因為當晚沒有其他客人，所以她很大方的給了我們二樓的大房間，一間起居室加一間臥室，面積加起來應該有前幾晚商務旅館的四倍大，確實是物超所值，而且地上鋪設的是真的榻榻米，不是小豆島上那家民宿的偽榻榻米。如果我們是假日或旺季來，恐怕就得走上很陡的木梯，住在三樓跟商務旅館差不多大小的狹小雙人房了。只是，民宿旅館裡，早已沒有《陰翳禮讚》中形容的那種講究，電線、電燈、開關全都裸露，老闆娘倒是很自豪那盞天花板下四角形燈籠罩的吊燈和牆角的行燈，且房間拉門的霧面玻璃也沒有傳統和紙的風情。

住這類民宿的不方便之一就是浴廁都在房間外，進進出出還要推開拉門，雖然不是太方便，但也算是旅途中的不同體驗。一樓的浴室提供泡澡的大浴缸，恆溫控制的浴缸上面有個像拉門一樣的蓋子，浴缸的深挖設計，比地面還低一階，和台灣家裡淺淺的浴缸不同，淋浴後跳進去泡個十來分鐘，真是舒暢無比，緩解了一整天旅途的疲勞。

泡完澡，一整個筋疲力竭，身心都呈現軟綿綿的狀態，旅途中的撞牆期終於在這一刻出現了。

每天平均一萬五千步的旅程，今天又在尾道山坡上，在佛寺與墓園中上上下下的走了一大圈，大晴天之下，竟然走到有點沮喪的狀態。因為路途中的期待和風景，不如想像中的懷舊復古，只有無盡的凋零感，也不是不好，這種氣氛或許要在對的時候出現，在疲累的狀態下，就會有反效果。

清空隨身背包，重新打理好隔天的行李，也整理好大行李箱，記好帳，下載完照片，終於可以坐下來休息一會兒，喝完了一大罐的青森蘋果汁和啤酒。拿出明天的預定行程島波海道，兩個人坐在寬大起居間的榻榻米上，研究了老半天，非常複雜又交通不便的島波海道，一來好貴、二來好累，此刻的身心狀態，隔天七點是絕對爬不起來，這種需要一整天的舟車勞頓，公車轉來轉去的好幾趟，似乎很不智，就在累得半死的渾沌狀態下，決定放棄跨越瀨戶內海的七十公里島波海道。看來似乎非常可惜，因為這也是行前相當期待的一段，但這就是旅途的過程，得斟酌自己的能力，再繼續硬撐一天，可能會壞了接下來的好幾天，明天就決定輕鬆搭乘ＪＲ吳線，到附近的小鎮走走吧。

浪漫尾道

第一晚的疲累情緒，甚至覺得幹嘛花這麼多錢來這個蕭條的地方住昂貴的民宿，應該住在前天的倉敷還比較開心。當下的心情確實是這樣想的，但後來發現，還好在這裡多住了一晚，才又給了它一個重新詮釋的機會，也才讓我們見識到尾道特有的美。旅途中，就是不斷的跟自己的決定來來回回，懊悔也沒用，總得親身經歷過了，才知道原來是這樣，雖說現在已經有網路可以在行前瞭解各方的訊息，但非得親自走過了，才能確切的知道自己對於她的感受是什麼。食物也是，也得用自己的味蕾品嘗過了，才知道合不合自己的胃口，別人形容的美食，不一定是你想像中的美食。旅行的路上，走過了就走過了，無法再重來一遍，即使可以重來，感受也不會相同，甚至會有反效果。

這趟旅程中幾乎每個早上都是被太陽給曬醒，故意不拉上窗簾，享受被晨光喚醒的每個早晨，非常舒服。決定不趕島波海道的這一天，也終於睡飽一點了，決定放棄大三島的伊東豊雄建築博物館是對的，不然兩個人都快翻臉了。大和室房住起來真的很舒暢，早上陽光斜射進來的通透明亮感，一掃前一夜的旅途疲累，民宿的睡墊很厚實很堅固也很舒適，難怪日本人能一輩子睡地板，原來他們的睡墊這麼舒服。因為沒有其他住客，一整晚非常安靜，否則木地板、木樓梯走起來的聲響，應該很干擾。這一帶很安靜，位置就在港邊和鐵道的中間，夜深人靜時，能隱約聽到火車經過的細微聲響，但已經累得不省人事，所以一覺到天明，這裡竟是此行旅途中睡得最安穩的一晚。

第二天的尾道，不知道為什麼，感覺整個活過來了。下午在福屋百貨地下階超市買了飲料和甜點，走回港邊無所事事的看風景。突然之間，好多人、好多車、好熱鬧，怎麼回事呢？店家開店營業的也變多了，港邊幾家正在全新裝修的店舖、食堂、咖啡館，也如火如荼的趕工中，顯得朝氣滿滿，怎麼跟前一天的氣氛差異如此大，難道是我們自己的心情感受，昨天的疲累不堪對應今天的輕鬆愉快，讓尾道從老掉牙變成了新氣象，不可能，不可能。

沒有目的的沿著港邊堤防散步，傍晚的天光混著藍色和橘色的色溫，美的很不真實，看著對岸向島來來回回的渡輪，上下班、上下課的島民，這樣的生活方式、通勤方式真的很妙，只要幾分鐘時間，卻不嫌麻煩的等船搭船，不管是開私家車的、騎機車的、騎單車的或行人，都靠著不斷在港灣裡來回的渡輪。我們閃過了一種很台灣人的思考方式，難道他們沒想過蓋一座橋就解決了嗎？但是渡輪多浪漫，而且渡輪船票也非常便宜，短短的一段路，就有三個渡船口，來回的班次也很頻繁，方便性其實就像我們在台北街頭等候上百秒的紅綠燈那樣，就已經抵達對岸了。

傍晚五點多，走累了，坐在港邊堤防上的長椅，經過了不趕行程、沒有壓力的一天，可以算是旅途中最輕鬆的一天，等待著夕陽西下的美景上演，一群一群下課的中學生，三三兩兩在堤防上嬉鬧聊天滑手機。堤防邊有兩張人行道長椅，我們坐在其中一張，另一張來了一位戴著鴨舌帽的老人，牽著一隻棕色博美狗，

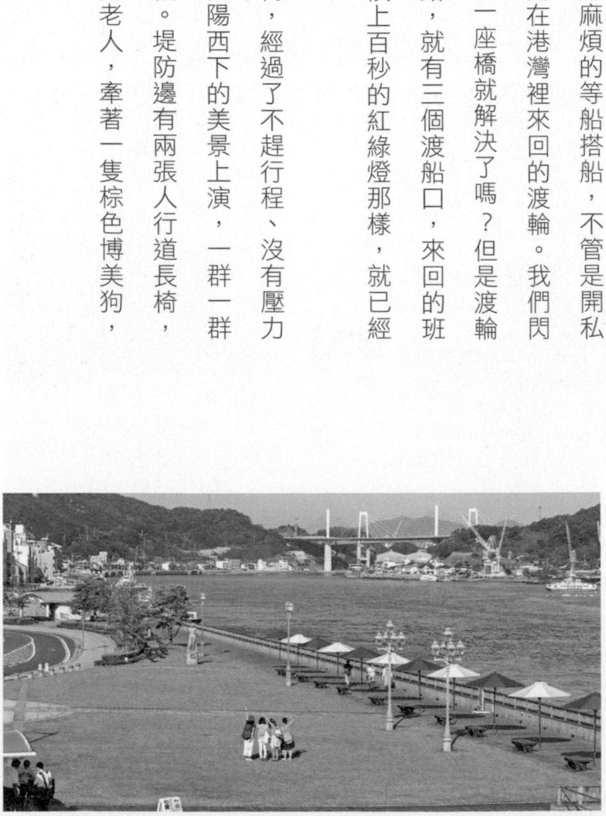

ICE CREAM
KARASAWA

日本就連狗兒都乖巧的讓人驚訝，連很神經質的博美都完全不吵不鬧。他坐下來一會兒後，竟用英文跟我們攀談，怪哉，日本老人的英文都這麼好嗎？知道我們來自台灣後，說他曾經在四十年前去過北投和烏來，還現場唱了一段台語版的雨夜花，太驚奇了。這位老人家會不會也是一位灣生，只可惜當時我還沒認識灣生的歷史。比較有趣的是，他問我們是不是來此渡蜜月，真巧，當天是我們的結婚週年紀念，阿伯，您太低估我們的年紀了。

第二晚回到旅館，洗澡、整理、安頓好一切後，拿出了廣島的旅遊手冊，開始在地圖上模擬一番，經過了這麼多天的小島小城小鄉，終於又要回到大城市了，面對突如其來的這麼多資訊，覺得有點不習慣，光是想去的咖啡館名單就列了一長串，怎麼安排好呢。

第三天一早，八點不到，準備離開小旅館，老闆娘還是一貫熱情的出來敬禮、目送，直到我們走遠了還站在門口，多禮的讓從台灣來的總是被隨便對待的客人很不習慣。開民宿真不是件簡單的事，前一晚才跟晚歸的客人寒暄老半天，隔天一早又得穿戴整齊化好妝，精神奕奕的招呼另一組早起的客人，不過如果以經營的角度來想，忙是好事。

英倫作家艾倫．狄波頓有段話，正好用來形容此刻我們對於尾道的觀感，「我們走過許許多多地方，有些只是走馬看花，或者不以為意，但偶爾也會看到幾

浪漫尾道的港邊風景，在任何時刻都能滿足旅人的期待。

個讓我們久久不能自己，逼迫我們正視的地方。這些地方共同擁有的一種特質，可以用『美』這個籠統的字來概括。雖然說是『美』，但此處並非一定漂亮或是有像旅遊書形容的美麗景觀，或許該說是我們喜歡的地方比較恰當。」

尾道，從一開始的失落到後來的喜愛之情，變成了瀨戶內海旅程中，印記最鮮明的一站。這裡有最真實的生活場景，觀光客人數不多，剛好的步行尺度，可去可不去的眾多景點，不易迷路卻充滿趣味的街道，有山有海，有鐵路有船運，有隨著高度而變化的不同視野，有電影中的原鄉風景等等。如果可以，真的想再多住幾晚，然後租車走一趟島波海道，即使過橋費比租車費高也在所不惜，當然，騎單車會更好。

對於尾道的念念不忘，總覺得隻字片語難以道盡，或許再次引用建築家原廣司對於聚落的論述會更精準些，「所有的城市，所有的聚落，都是住宅的延伸。住宅與住宅的集合即是都市，即是聚落。為什麼會喜愛一個城鎮或聚落？很有可能就是因為他有家的感覺……通常，我們對聚落的記憶只會停留在重要元素或特定局部上，即『有意義的局部』。讓人印象深刻的聚落，即是『有意義的局部』容易存入記憶中的聚落。聚落的剪影，也就是其全體的輪廓，是很模糊的概念，但這是聚落的『情景圖示』。」總之，浪漫尾道，深得我心。◆

上｜艾倫狄波頓說「我們走過許許多多地方，有些只是走馬看花，或者不以為意，但偶爾也會看到幾個讓我們久久不能自己，逼迫我們正視的地方。」尾道對我們而言，就是這樣一個地方。

下｜與向島之間往來頻繁的渡輪，是居民上班上學的捷徑。

HS3-50553

しまなみ海道サイクリングロード
向島

RIDE
LIFE.
RIDE
GIANT

新尾道

ONOMICHI U2

單車旅店

島波海道

丹寧

港邊舊倉庫改建的ONOMICHI U2，
一個打著友善自行車的
複合式空間與再生基地，
曾經繁華的山城海港，
正以自己的力量努力翻轉中。

走過尾道的老，要來感受一下正在甦醒的新尾道，尾道的氣氛有點類似多年前殘破不堪的利物浦，千禧年過後，英國政府積極整頓加上都市更新，幾棟全新的地標建築和港邊舊船塢空間的再利用改建案，為利物浦帶來了新面貌與新生命。雖然尾道沒有利物浦的城市規模，也沒有世界文化遺產的加持，然而面對過去以重工業和造船業聞名的港市，工業沒落後人口外移相當嚴重，現在政府和民間也正在想辦法走一條不一樣的路。

民宿所在的那條小巷的大馬路口，就是此行慕名而來的ONOMICHI U2，二〇一四年三月甫落成開幕的那段期間，日本甚至世界的各大建築、設計、旅行、單車雜誌裡，不斷的看見ONOMICHI U2佔據各大版面，顯然是一顆設計新星，當然得特別來拜訪一下。

DISCOVERLINK Setouchi

ONOMICHI U2其實是來自「DISCOVERLINK Setouchi」大計畫之下，ONOMICHI是尾道的日文發音，Setouchi則是瀨戶內的意思，一個由當地企業組成的復興在地產業和促進觀光的計畫，由企業界私人推動，但規模和志向可是非同小可。ONOMICHI U2就是向廣島縣府投標得來的改建營運計畫，也舉辦像是瀨戶內島波海道國際自由車大賽，企圖向全世界介紹尾道。是的，尾道有得

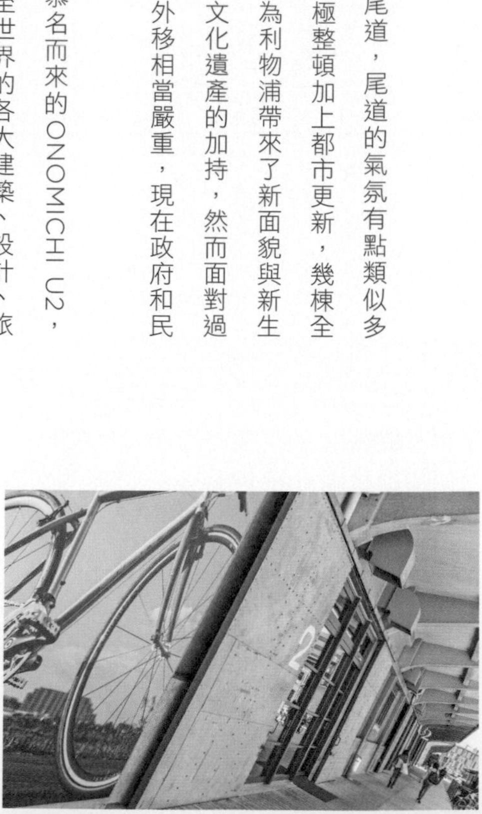

單車旅店的設計概念來自70公里長的島波海道。

天獨厚的條件，有海岸景觀、有山城、有寺廟、有溫暖的氣候、有宜居的生活步調、有丹寧布產業、有傳統手工藝產業，因為造船重工業和汽車零件業紛紛外移後，青壯人口隨之銳減而逐漸凋零，因此，在地的民間企業想要以自己的力量翻轉這樣的頹勢。

「DISCOVERLINK Setouchi」企圖要找回尾道應有的發展潛力，雄心壯志的想要在五年內雇用上千人就業，而且不依賴政府等公部門的補助，也不要像慈善事業的模式補助當地產業，而是要讓尾道有辦法自力更生。ONOMICHI U2就是個指標，二〇一四年春天開幕後，以一座港邊舊倉庫改建的全新空間，打著友善自行車的複合式經營，包含捷安特單車店、餐廳、酒吧、咖啡館、麵包坊、商店，以及擁有二十八個房間的單車旅館，也提供過路單車族淋浴間、廁所等設施，迷人至極的吸引著各界的目光。整個設計案由在地建築師谷尻誠（一九七四—，廣島人）的建築團隊打造。

單車旅店的概念來自全長七十公里的島波海道單車道，從本州的尾道一路到四國的今治，跨越六座橋梁，串連八座大小島嶼，國內外騎士皆慕名而來。尾道在瀨戶內海的地理位置上扮演著一個門戶的重要角色，但顯然沒有得到應該有的青睞，根據統計，只有五％的遊客選擇留宿尾道，因此，有了在尾道打造一間單車旅館的想法，從公共空間到房間都有各式針對單車族的實用設計，另有提供宅急便運送單車的服務，也有捷安特單車店的租車和各種維修服務，並標榜提供尾道製的睡衣和今治的毛巾，當然，住房價格並不便宜。

ONOMICHI U2目前雇用約六十名當地人，DISCOVERLINK Setouchi位在商店街的辦公室則有三十名員工。位在懷舊復古商店街裡的ONOMICHI DENIM PROJECT則是致力推廣尾道知名的丹寧產業，強調從集線、染色、布料、紡織、縫製等各個環節，並請來丹寧設計大師林芳亨（一九五六—，廣島縣福山市人）技術指導，發揮日本特有的造物理念（monozukuri）精神，結合傳統技藝與最新技術，重新振興丹寧產業，林芳亨享譽國際的自有品牌RESOLUTE，標榜著日本製的牛仔褲，也是來自這一帶。只是，商店街裡那家很潮很簡約的店面貨架上，一條牛仔褲要價四萬多日圓，真不是我們能幫忙的在地產業。這個丹寧計畫中最引起話題的，就是販售當地二百七十個人穿過一整年的二手牛仔褲，參與民眾不分年齡職業，有漁夫、農夫、廚師、店員、寺廟住持等，透過不同職業的人穿著它生活工作三百六十五天後，塑型成不同的模樣，成了一條獨一無二的二手牛仔褲。

備後，日文讀音Bingo，是尾道附近一帶的舊地名，五十年前盛產有最高級品美稱的備後疊表，也就是榻榻米，DISCOVERLINK Setouchi計畫在當地重新開始種植藺草，推出全新設計的榻榻米；此外，過去全日本有七十%的棉織拼布產業也來自備後地區，稱為備後絣，現在也正以新的設計重啟傳統紡織產業。看了這些重振地方產業的雄心壯志後，不禁讓人對尾道的未來充滿無限的期望。

ONOMICHI U2

第一天早上我們拉著行李經過U2時，已經興奮莫名，急忙在民宿丟下行李，馬上回頭朝聖，港邊一棟方方整整的長方形碼頭倉庫，內部以長條形的配置方式，從單車店、展覽空間，接著進入自助餐用餐空間，從早餐、午餐、下午茶、晚餐到夜晚的酒吧，這裡儼然已經成為尾道人的摩登好去處，在這個老掉牙的城市裡，感覺像是一抹清新的希望。

從單車店這一頭一路走到旅館部門，心情激動新奇，最後來到咖啡館休息一下，看見一旁麵包坊不斷端出剛出爐的各式麵包甜點，忍不住去挑了幾個，配著咖啡，一定是心理因素作祟吧，麵包出奇的好吃，甜的鹹的通通絕妙好滋味，絕非一般麵包店可比擬，連我們心中最厲害的野上也快不能比了，真想有肚量多嘗幾款。麵包店旁的商店也販售一些高級的食材和雜貨。咖啡館剛好位在倉庫空間的正中央，也是旅館的出入口旁，迎賓的過道空間擺放的是當代藝術家名和晃平（一九七五－，大阪府高槻市人）的巨大白色雕塑「分子循環」，在這裡面光是欣賞空間品質，就讓人心滿意足。

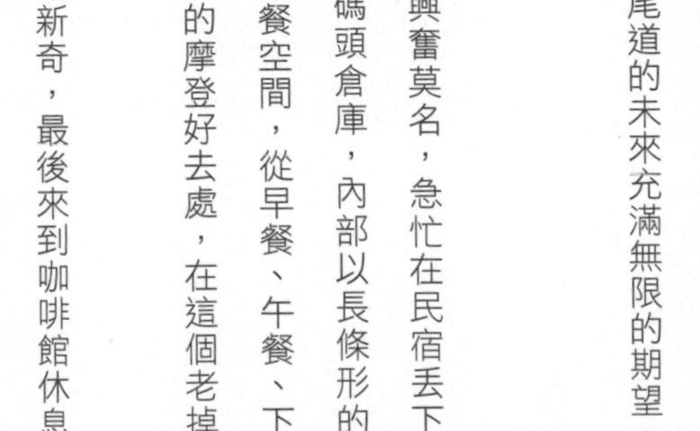

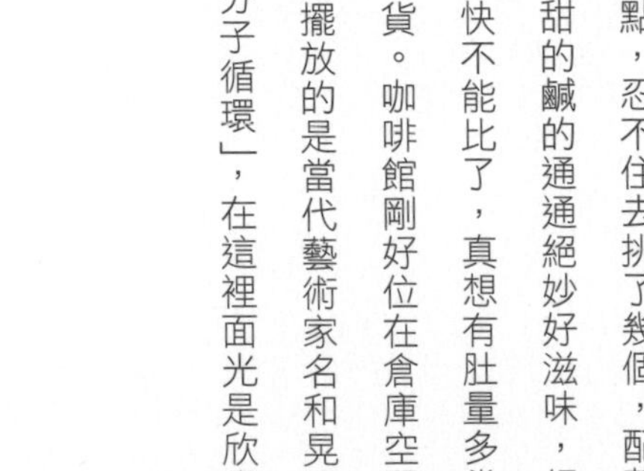

咖啡館的座位是高腳椅，空間不大，和一旁的餐廳相比鄰，咖啡品質很好，櫃檯也提供免費冰水，服務很到位，不會讓你難為情。日本的空間為什麼讓人很舒服的一個重要因素，就是乾淨整齊，每一樣東西都乾乾淨淨，絕不會讓你遲疑的需要再擦拭一下才敢使用，而且端出來的食物飲料，不管是大餐廳或小食堂，總是讓你覺得物有所值。在咖啡館裡待了很久，眼睛不安分的四處飄移，遲遲捨不得離去，又繼續在倉庫建築周圍拍了又拍，建築物緊鄰著港邊，停靠了一艘大船，像是倉庫的背景似的，天空藍的船身，在烈陽下無比鮮豔，映照在U2的玻璃窗。碼頭就在不遠處，因此客船、貨船、工作船在水道邊來來往往，很有朝氣，我們沿著碼頭邊的人行道一路走回車站前。

第一天逛了一圈尾道後，約略可以知道為什麼尾道無法吸引遊客，尤其是年輕遊客，在旅途中極短暫的時間，這裡呈現的文化氣息太過老舊、甚至腐朽，尾道幾乎沒有隨著時代更新，傳統很重要，但也需要適時的更新，才能有品質的給過路旅人一些觸動。但是，當你真正待下來後，才發現這裡確實很適合生活，緩慢的步調，海景山景渡船碼頭，所有浪漫的元素通通一應俱全，更適合攝影、繪畫、文字創作，有許多題材可以發揮，真想就在這裡待上一段時日，拍寫出一系列的尾道。

Onomichi U2，以一座港邊舊倉庫改建的全新空間，打著友善自行車的複合式經營，包含單車店、餐廳、酒吧、咖啡館、麵包坊、商店，以及單車旅館，是尾道的新地標與新希望。

RIDE
LIFE.
RIDE
GIANT.
Super Cub
HONDA

從凱文．林區的城市意象看尾道

尾道的再生有其先天的優勢，倘若整體規畫能運行順暢，絕對是個令人期待的明日之星，至少會是一座適合居住與小眾旅行的城鎮，不管是行前閱讀時的揣測、旅途中的經驗或是回台灣之後的回憶，我們都是這樣認為的。尾道所在的地理位置與海陸交通的樞紐得天獨厚，依山傍海的聚落景觀，瀨戶內海層層疊疊的水平線，充滿故事性的島嶼輪廓線，特別是登高之後的廣闊視野，都讓這裡有更多浪漫的情懷，小津安二郎會將此視為電影中的典型原鄉風景不是沒有原因的。

而一個宜居且吸引旅人的城市，該具備甚麼樣的條件呢？美國知名的都市規畫大師凱文．林區（Kevin A. Lynch，一九一八—一九八四）的著作《城市的意象》（The Image of The City）中提供了一些線索。書中寫到「不論是因為過往歷史與自身經驗，人們與這些清晰鮮明且迥然不同的型態產生深厚的情感，任一景象都能立即觸動心弦，引發一連串懷想。每個部分都彼此銜接，使得周遭景象成了居民生活的一部分。這個城市絕對談不上完美，亦不算有意象可言，其視覺營造上能如此成功，也絕對不只因為可意象性這項特質，但光是用眼睛欣賞這個城市，或隨時漫步在街道間，胸中便自然湧現出簡單的愉悅、滿足與存在感。」這段話剛剛好用在我們對於尾道的切身感受。

若以林區所提出的構成城市意象的五大元素：通道、邊界、區域、節點、地標來進一步分析尾道，可能會得到更貼近的答案。人是視覺的動物，對於像我們這樣熱愛攝影與繪畫的旅人來說更是，城市意象絕大部分建構於視覺上的感受。「大規模的視覺型態的確存在，只是不是都市。多數人心裡都有某些最喜歡的景點，這些地方絕無僅有、結構清晰、輪廓鮮明，恨不得能將它們重現在自己居住的環境裡……總而言之，環境一旦在視覺上變得井然有序且辨識度高，居民便會對這個環境賦予意義與情感，如此一來這個城市就會變成真正的居住地，與眾不同，獨一無二。」毫無疑問的，尾道似乎可以成為林區撰寫於書中的鮮明案例了。

林區進一步提出了城市之所以吸引人的十大特性，獨特性、形態簡單、連續性、主導性、連接點清晰、方向分明、視覺拓展、移動意識、時間序列、名稱與意義等，這十大形態特性無法單獨產生效果，必須彼此搭配協調才足以建構出一個城市的整體意象，符合特性的數目越多，也表示城市的意象越鮮明。綜觀尾道，她幾乎符合了大多數的要件，不管是學理上的，或是主觀意識上的。

尾道浪漫

第二天一早原本打算再去U2 Café吃早餐的，結果時間太早還沒營業，離開時在路上還遇到了正要去上班的咖啡館員工，他認出昨天的我們，親切的道了早

HOTEL CYCLE

Onomichi U2由建築師谷尻誠建築團隊所打造，緊鄰港邊，可盡覽客船、貨船、工作船在水道上來來往往的景象。

安。只好不情願地去對面的Lawson買了兩杯超商拿鐵，再回頭坐在U2前的海濱散步道，簡單的早餐配上無敵海景，也是另一種視覺上的享受，隨遇而安的步調，也是旅途中必要的。

經過了這些天的旅程，努力嘗試了書上網路上推薦的日本食物，卻一再的踩到地雷，突然覺得飲食固然重要，但旅途中有更多值得的事物，就不要再執著了。所以，晚上在福屋百貨的超市，買了一堆熟食、啤酒、點心、水果，準備回民宿的超大房間，泡杯熱茶、沖杯熱湯，輕鬆的吃個晚餐。結果，就在提著兩大袋食物，走到Lawson買好一大罐礦泉水後，準備轉進巷子回到民宿時，在U2前方，看著逆向而來的行人們，全都暫停在路上，拿著手機對準海港的方向，回頭一看，哇～

農曆十六日的月亮比起中秋的更圓也更亮，剛升起時的橘黃色好驚人，比起U2前的夜間燈光更明亮耀眼。我們又忍不住跨過馬路，來到港邊拍了幾張。港邊戶外桌椅區有對年輕夫妻，騎著腳踏車來此，仔細的用敷巾包裹著好多層的便當，在安靜無聲的港邊和那顆無敵大的明月下，一邊賞月一邊野餐，好不浪漫啊。我們也就臨時決定，何不也在這裡晚餐呢，雖然超市的食物算不上可口，但月色在海面上的風景，實在太超現實了。

第三天一早拉著行李，走過還沒營業的U2，沿著港邊一路走回車站，沿路遇見許多上學途中的學生，大部分騎著腳踏車，各個都規矩的戴著安全帽。第三天了，越來越能感受到尾道的生活味，坐在車站前看著人來人往，等公車的、趕火車的、等交通船的，如果就一般遊客喜歡的快速直接，著重虛華的表面印象來說，尾道或許少了點競爭力，但如果你有機會多待兩天，保證會深深愛上這裡，此時，我們竟然捨不得離開了。

搭火車前，決定到車站前廣場二樓的尾道浪漫珈啡多坐一會兒，點了兩杯經典手沖咖啡，原本在商店街上的老店，在車站開了一家新穎店面，維持著老派的經營模式，穿著黑色背心白襯衫的服務生，很周到的服務著每一桌的客人，照例又是一杯加了冰塊的冰水，一大早真的喝不下這樣的溫度，而且他看著你杯子裡的冰塊快要融化時，馬上過來幫你換一杯重新加冰塊的，日本人真的很喜歡冰飲啊。日劇裡，男女主角回家或者晚上剛洗好澡，總是帶到一個畫面，到冰箱裡拿一罐冰啤酒，不管外面有多冷，總能大口暢飲。吧檯裡身形圓胖的師傅，幾乎是揮汗的煮著一壺又一壺的咖啡，頗厲害的身手，果然，端出來最簡單的一杯經典，香醇濃，讓我們又對尾道刮目相看了。老派咖啡館裡還保留著吸菸座位區，一大早來的客人都坐在吸菸區裡，一手菸一手報紙一杯咖啡和沉默。

尾道，很有MONOCLE味道的一個宜居城市。◆

尾道在地的咖啡館。

竹原

安藝小京都

JR吳線

沿著瀨戶內海緩行的吳線列車，
在車廂裡遇見了愛德華・霍普筆下，
飽含詩意與孤獨感的畫作。

JR呉線

JR呉線，行駛於廣島縣三原站至海田市站之間的JR西日本鐵道路線，是一條浪漫悠閒的臨海支線，兩端的終點都是山陽本線的車站，全線八十七公里長，西邊的終站海田市站另有列車聯絡廣島車站，車廂顏色是反映瀨戶內海溫暖陽光的黃色系。

三原站至広站之間算是精華的觀光路線，尤其安藝幸崎站到忠海站幾乎是貼著海濱行駛，海岸風光緩慢而美麗，可看盡瀨戶內海上的遠近島嶼，甚至遠方島波海道上的幾座白色跨海大橋，逆著光的早晨，海的顏色是耀眼的金色和白色，島嶼是灰色的影子，天空則是好天氣的藍天和白雲。呉線列車的乘客全是沿線的居民，通勤電車上沒有人浪漫的欣賞窗外海景，只是沉默的坐在位置上，每個人都拉下窗戶上的門簾，深怕外頭的烈陽滲進來，只有我們興奮的東看西瞧，在一片靜默的氣氛中，顯得很唐突。冷氣車廂裡，強光仍找到縫隙投射進來，高反差的光線對比和詭譎靜謐的氣氛，幾乎讓車廂變成了一幅愛德華·霍普（Edward Hopper，一八八二—一九六七）飽含詩意與孤獨感的畫作，就像置身電影〈十三個雪莉：現實的幻象〉（Shirley - Visions of Reality）的列車裡。

旅途中的火車車廂裡，總是我們文思泉湧的時間和空間，許多的文字和想法都是在看著窗外景致時所產生的，艾倫·狄波頓也曾貼切的形容過火車車廂，

JR吳線與瀨戶內海沿線景致。

『車廂寂靜，只有車輪依照節奏和鐵軌接觸，發出撞擊聲。在這如夢似幻的感覺中，我們似乎暫時離開原來的自己，沉浸在一般情況不易顯現的思緒和回憶裡……旅程是思想的促成者。運行中的飛機、船或火車，最容易引發我們心靈內在的對話。在我們眼睛所見與我們腦袋中的思想之間，有一種奇怪的關聯，那就是思考大的東西有時需要大的景觀，而新的思想有時則需要新的地方。藉由景物的流動，內省和反思反而比較可能停駐，不會一下子就溜走了……在所有交通運輸的模式中，火車也許是對思考最有利的一種，因為坐火車所看到的景觀不像乘船或搭飛機那樣單調，速度不至於慢得令人生氣，也不至於太快，讓我們仍能分辨窗外的景物。』火車車廂裡的臨界空間，確實是讓自己腦海變成了一片空白之後，反而得到了更多意想不到的靈感泉源。

吳線經過的吳市，過去是個重要的軍港，據說大戰時因為沿線有許多重要軍備，海面上常有軍艦行經，為了軍事機密，列車依規定必須拉上窗簾，現在當然已經沒有軍事機密的疑慮，列車是普通的通勤路線，甚至已成了觀光路線。

我們無緣搭到僅週末假日才行駛的瀨戶內海景觀列車（瀬戸内マリンビュー），這是因應瀨戶內海特有的海岸景觀而推出的觀光列車，即使是有行駛的週末假日，一天也僅一個班次來回，從二〇〇五年運行至今，行駛於廣島站至三原站之間，喜歡追火車的旅客，一定不能錯過這班藍白色塗裝的海景列車。月台上吳線的時刻表好空白，印在上面的班次非常少，錯過一班，可能得再等上許久。在平穩安靜的列車上，看著外頭也是安靜的風景，想起了基隆的深澳線，其實也頗具潛力，北海岸的風景絕對也是不惶多讓，如果整個北海岸都有觀海列車行經，一定也是一段吸引世人的海岸觀景列車。

吳線東端的起始站三原，曾經出現在日本動畫電影〈給小桃的信〉中，小桃跟媽媽從東京搬回故鄉的第一幕，就是搭上了三原往汐島的渡輪，記得看完電影後，在書房牆上的日本地圖上找到了三原的所在位置，想著有機會也要來此看看，乘船來一趟島嶼之旅。旅行就是這樣累積出來的一種想望，某個地名總會在某個時候喚起你的記憶，然後在某一天它就會實現了。

安藝小京都

搭乘吳線，來到了有安藝小京都美稱的竹原小鎮，安藝是日本古代令制國之一，範圍大約是現今的廣島縣，今日在當地常可見到還使用安藝這個舊稱。日本各地都有被稱作是小京都的地方，也就是類似京都的歷史古城，這個名稱來自一九八五年首次舉辦的「全國京都會議」，其中明確訂出三個小京都準則：與京都市相近的景觀、與京都市有歷史關聯、具有傳統產業及藝術等，只要符合其中的一項，經會議認可即可加入「小京都」之列，現在全日本約有五十個城鎮加入全國

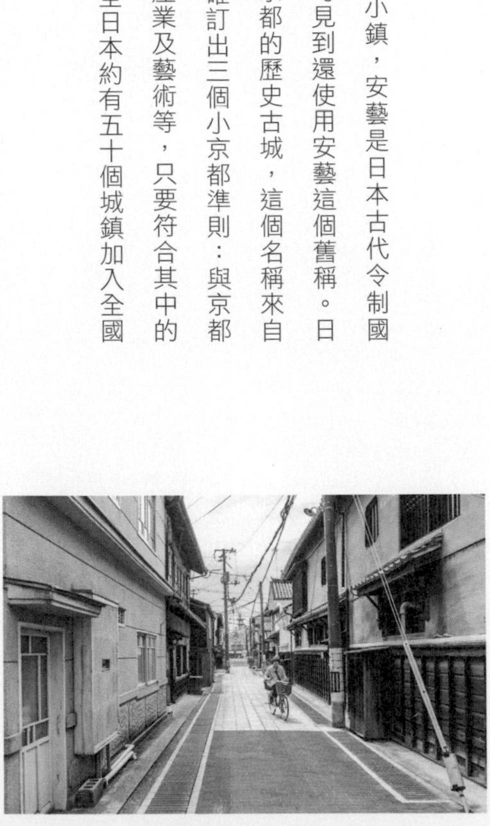

京都會議加盟自治體，如果喜愛京都這類的歷史古城風景，小京都系是旅遊日本的參考指標，此行的尾道也在小京都之列。

竹原是廣島縣靠海的小城，歷史上曾是瀨戶內海的重要交通結點，從這裡可搭船前往瀨戶內海上的島嶼，陸地上則有ＪＲ吳線列車經過。沒有預定行程的那個早上，很幸運的從尾道搭上九點二十六分山陽本線開往廣島方向的列車，在三原站換了車，順利接上吳線往「広」的班車，沿著海濱很快就抵達竹原，下車的旅客中沒有其他觀光客，車站離竹原老城區「町並み保存地区」還有一段路，旅客們都有私家車來接，再不就是搭上計程車走了。

我們疑惑的走進車站外簡易狹窄的遊客中心，服務人員非常有禮貌的一直站著緊盯著我們的一舉一動，趕緊蓋了一個紀念戳章，匆忙的拿了幾份當地摺頁，很不自在的逃出那個狹小緊迫的空間。

站在路口，隨意選了一條往老城區方向的路，經過了商店街、住宅區，沿路也幾乎都像是尾道那樣上了年紀的老店舖，但這裡顯得明亮許多，也比較有人氣。走了一段路後發現，竹原最大的賣點大概就是一部以此為背景的日本電視動畫場景，對照手中那份跟著「たまゆら幸福光暈」去旅行的地圖，每個重要場景都有個明顯的立牌，路過很難不發現，我們沒看過那一系列的動畫，倒是很好奇為什麼會選擇以竹原作為舞台。

在靠近老城區的運河邊轉角，看見了一名老太太在一間穿越時空的老店鋪裡，慢條斯理的烤著她的鯛魚燒，我們在低矮的玻璃窗外等著正要出爐的那一盤，老婆婆慢慢的擺放著一個個烤得極美的鯛魚燒，然後用紙袋包了一個給我們，就坐在店門口的椅子上趁熱吃，吃下第一口，決定再去買第二個，實在太好吃了。店名松屋二重燒的老舖，天然香氣的紅豆泥不甜不膩，麵皮也沒有香料味，就像老奶奶本人那般的古樸風味，不像台灣百貨公司裡的，雖然烤得極漂亮，但吃下一口就知道是香料紅豆泥和香料麵糊的鯛魚燒。滿足的啃完兩個超大鯛魚燒，繼續往古城區前進。

這一天，又是個什麼特別的日子嗎？近午的整個竹原老城裡，一個人影也沒有，完全是個空城，街道上多棟傳統古宅都已經過史蹟保存修護，但卻沒有對外開放，只能在像是電影文化城裡的場景中，逛過一條又一條真實又不真實的老街道，不斷看到那齣動畫中的一個個真實場景和比對的圖。竹原真的很美，尤其登上階梯來到西方寺，在普明閣的舞台上，或者走到老街底端的照蓮寺，皆可一覽竹原城區的全景。竹原在昭和五十七年（一九八二年）被指定為「重要傳統的建造物群保存地區」的製塩町類別，竹原臨海地區有許多干拓地，土壤鹽分過高，不適合農作，然而從江戶時代開始，這裡就是重要的產鹽地區。平成十二年（二〇〇〇年），也被國土交通省指定為「都市景觀一百選」，可見其重要性。

竹原被指定為都市景觀一百選。

「重要傳統的建造物群保存地區」是根據日本的文化財保護法，將歷史聚落或街區以全區保存的方式指定，全日本約有一〇四個地區，是探訪日本傳統文化的指標，也是深度文化旅行的好去處。

竹原老城裡的傳統建築樣式極優雅，但就是少了點人氣，住在老城區裡的住民幾乎都搬離了，沒有真實的生活步調，少了人氣也就少了溫暖，甚至比樣本民俗文化村還要冰冷。古城區的範圍不大，很容易就能走完所有的大街小巷，遇不上幾名遊客來訪，在大太陽底下，城裡安靜的詭譎，午餐時間，有幾家老掉牙的和風食堂開店營業中，只是經過了這些天的旅程，已經對尾道燒、拉麵、蕎麥麵、壽司這類和風食物感到疲乏，好想來點別的口味。

就在走出老城區的剎那間，站在河邊竹筍造形橋墩前猶豫著下一步，突然看見了城外不遠處的麥當勞黃色標誌，這是多天來看見的第一家麥當勞，怎麼會有一種莫名的感動。幾乎熱衰竭的透中午，我們走了好一段路，終於走進麥當勞冷氣房，竟有一種得救的感覺。寬敞明亮的自在空間，沒有服務人員緊盯著你瞧，沒有人等著替你服務，也沒有人等著你點餐做決定，找了個位置坐下來後，突然鬆了好大一口氣，想住在日本也是需要一點勇氣的，我們骨子裡還是那個隨興的台灣人。

放下背包，取下相機，先到廁所裡洗臉洗手，然後去櫃檯點了兩份好貴的麥

當勞套餐，一份六百八十九日圓，兩個人開心的啃完薯條、漢堡、可樂後，又去另一邊Mc Café點了一杯冰拿鐵，一整個好滿足。很驚訝，麥當勞居然能在日本旅途中給我們一種解放的感覺，而且這些國際連鎖餐飲來到日本，也入境隨俗，環境變得乾淨、食物變得講究、服務變得親切。在麥當勞裡休息了好一會兒，拿出火車時刻表，查了一下回程班次，看好了下午兩點〇二分往三原站的吳線，還好趕上了，不然又得再等上一個多小時。回程在車上不小心睡著了，一整個放鬆後睡意馬上襲來，前些天緊湊的行程中，完全沒有昏昏欲睡之感。

如果有機會再次來訪，一定要登上標高四五四公尺的朝日山，從圖片上看來，山頂上的展望台可以看見北邊的廣島空港，南邊的瀨戶內海和諸島，或者搭船前往電影中小桃家的所在地大崎下島，又或者在吳線的忠海站下車，登上標高二六六公尺的奇岩屹立的黑滝山，再看一眼讓人嚮往的瀨戶內海遠眺風景。

竹原，是整趟旅途中最閒散的一天。◆

竹原是根據日本的文化財保護法劃定的「重要傳統的建造物群保存地區」。

宮島

嚴島神社

鹿

大鳥居

潮汐

千疊閣

彌山

世界文化遺產

女神使者的鹿群，

界定神界與凡間的巨大鳥居，

千疊格上的夏日微風，

矗立海上一千五百年的神社，

不容錯過的日本三景。

暫時抽離的必要性

旅行到宮島的這天剛好是九一一，旅途中的旅人完全脫離了現實生活與充滿慣性的舒適圈，偶爾這樣也蠻好的，讓自己的腦袋和心情暫時擺脫那些總是存在的人事物，完全放空一段時間，像是電腦得重新開機一樣，清掉一些暫存記憶，也讓腦中的記憶體有機會磁碟重整，好讓往後的速度變快也變清晰一些。當然，每天晚上還是能在旅館房間的電視裡看到地球上發生了什麼驚天動地的事，像是美國又對誰開戰了，東京發生了登革熱疫情，台灣又發生駭人的地溝油事件。但是你卻完全不會在意，因為在那當下，你在意的只是今天的行程，下一步準備去哪兒，用餐時間一到，趕緊找東西填飽肚子，渴了去哪裡買水喝，晚上累了早點休息，這個世界沒有因為少了你而停止轉動過一秒鐘，世界也沒有因為少了你的關注而亂了步伐。

漸漸的，你會發現「自己」在地球上的角色，不需要強烈的要求別人應該和你有同樣的想法和價值觀，尤其是台灣人總是很瘋狂的政治議題，每天一打開電視，最黃金的八點檔，全都是讓人不得不跟著瘋狂的政論節目，想來確實很可悲。這個世界該關注的、這個世界能觀看的，還有這麼多重要或美麗的新事物，為什麼我們總是得看那些垃圾等級的新聞，然後把自己困鎖在狹隘的圈圈裡而不願意跳開。

嚴島神社、奈良春日大社、敦賀氣比神宮的大鳥居，被譽為「日本三大鳥居」。

這大概也就是旅行的意義之一吧！讓在常軌上的生活步調偶爾出軌一下，確實是一件很幸福很開心的事，卻不是每個人都有這樣的機會跳脫緊箍咒，逃離消失個幾天，我們算是幸福的人。

宮島？嚴島？

宮島位於廣島市中心西南方約二十公里的海灣小島，面積約三十平方公里，距離陸地最近的距離僅三百公尺，是花崗岩組成的島嶼，島上仍保有大面積的天然原始林。今日世界各地的遊客都是為了島上的嚴島神社而來，建造在海面上的神社，千百年來歷經了颱風、潮汐、海蝕、海嘯、洪水的自然力破壞，也經過了戰國時期的人禍毀壞，走過了至少一千五百年的歷史，現在仍舊以她富麗堂皇的模樣挺立在我們眼前。嚴島神社的重要性，可以從它被冠上的各種名號得知，「國寶的建造物與美術工藝品」、「重要文化財的建造與美術工藝品」、「國的登錄有形文化財」、「國的特別史跡與特別名勝」、「廣島縣指定重要文化財」、「名所與舊跡」，以及最響亮的「世界文化遺產」。

相信沒去過的朋友也都聽過或看過巨大橋紅色鳥居立在海中的經典畫面，幾乎成了難以取代的日本代表象徵之一，此刻，我們就在接近小島的ＪＲ西日本宮島連絡船上，由遠而近的看見它了，有種不真實感，渡輪還會刻意繞道鳥居前，

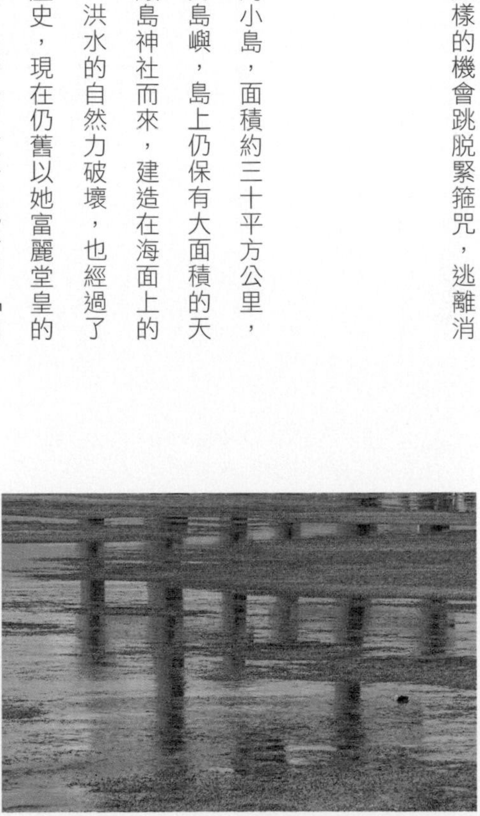

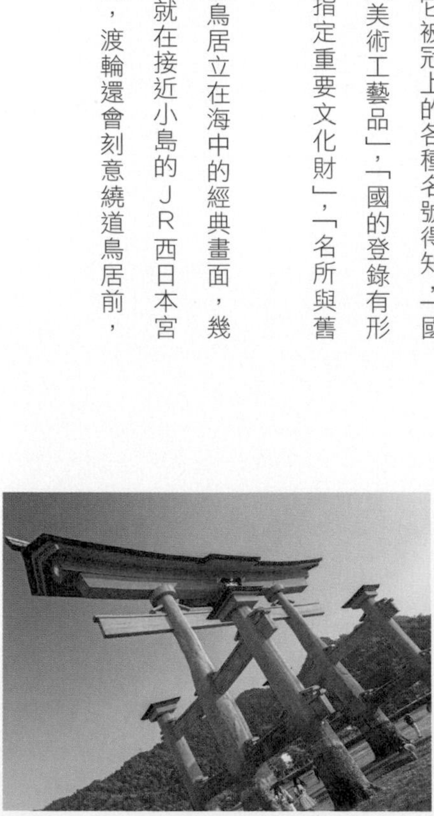

讓乘客有機會近距離目睹，大家爭相跑到船的右側，拍攝矗立在水中的大鳥居。島上的遊客很多，團客散客各自還算有序的在島上來來去去，靠海的商店街在我們抵達時才陸續準備開門，幾隻鹿一派悠閒的在街道上來去無聲的散步著。

我們興奮的在海邊拍合照時，就在相機自拍倒數的那幾秒，一隻鹿突然出現在我們左手邊，神奇的站好一起入鏡了，當下真的嚇了一大跳，鹿隻竟然如此自動自發。原來，牠們早已訓練有素，後來在神社鳥居前看到了提供遊客拍大合照的服務，攝影師助理會準備鹿餅乾，只要乖乖站好跟遊客拍完合照，就會得到餅乾獎賞，所以牠已能辨識出相機這樣的物件，看到相機就等於有餅乾。而這張突如其來的鹿合照，可算是宮島旅途中的小驚喜，相機還差點被牠濕答答的舌頭給舔了。還好島上不提供鹿餅乾給遊客餵食，鹿群算是乖巧的在島上四處遊走，不至於造成很大的問題或失控的狀態，店家和公廁也都設有柵欄，防止鹿群入內。宮島上的鹿被視為女神的使者，族群數量估計約有六百隻，為了保護鹿群，島上依規定不能飼養家犬。

嚴島從江戶時期即被稱為日本三景，到一九九六年嚴島神社和彌山被列入世界文化遺產，在在說明了宮島的重要性，不僅如此，海中的大鳥居是日本三大鳥居，神社的平舞台則是日本三舞台。「日本三景」早在德川幕府時期便已聞名全國，經過世代傳承逐漸成為日本景色的重要象徵，日本三景最早的起源是儒學家

西元一六四三年的《日本國事跡考》，即稱「丹後天橋立，陸奧松島，安藝嚴島」為日本三景，可見其重要性。從海面接近的參拜動線設計，也讓宮島魅力十足，歷久不衰。

日本三景碑

林春齋於一六四三年的著作《日本國事跡考》，其中一段描述「丹後天橋立，陸奧松島，安藝嚴島，為三處奇觀」，此後這三地即成為日本三景。嚴島之外，宮城縣宮城郡松島町的松島、京都府宮津市的天橋立，皆以美麗的大海為背景，象徵著四面環海的日本島國是上天給予的最大恩賜，幾百年來在世代更迭中，不僅帶給日本人絕美的大自然風光，也孕育出許多文學詩歌創作。

喜愛歸納整理的日本人，有一系列的「三大」，舉凡名山、河川、砂丘、溫泉、名城、名橋、名園、夜景等，各式各樣的分類中，有形的無形的，歸納出讓人驚嘆的日本三大。此舉倒是讓旅人很省事，攤開地圖，馬上能多認識好幾處值得一遊的日本角落。

位在廣島灣內的嚴島神社由來已久，最早創建於西元五九三年，八一一年開始有文獻記載，一八八九年實施町村制後成立了嚴島町，一九三一年被劃為瀨戶內海國立公園範圍內，成為自然保護區，一九五〇年嚴島町改名為宮島町，一九五二年被列為日本文化遺產、特別史跡和特別名勝，原始林也被列為國家的自然保護植物，一九九六年則列入世界文化遺產，二〇〇五年宮島町併入廿日市市。這一回，總算搞清楚了嚴島與宮島，這座小島在國土地理院的正式名稱是「嚴島」，比較嚴謹的行政文書、學術、文獻上也採用嚴島，而觀光行銷的文宣上則多半使用江戶時代之後通稱的「宮島」。

宮島上的鹿被視為女神的使者，總是出其不意的出現在旅人的身邊。

軽車両を除く
10:00-17:30
山一
準備中
Welcome to YAMAICHI

千疊閣

此刻，我們呆坐在小山丘上的千疊閣，吹著涼爽的海風，空蕩寬敞安靜的空間裡，是一種難以形容的享受，不管是空間的還是心靈的。今日北方高壓南下，日本許多地方開始秋涼了，北海道甚至已經降至攝氏十三度低溫，廣島雖然還是攝氏三十一度的高溫，但是坐在大跨距屋頂的木構造建築空間裡，竟是無比的涼爽舒適。神社一早還泡在滿潮的海水裡，工作人員一邊掃水一邊清理青苔，就連售票口也都泡在水中，神社的運作每天會依著潮汐高低而短暫關閉數小時，這種順應大自然的做法，真是浪漫又美麗，當然，趕時間的遊客可能就無緣看盡潮起潮落了。

千疊閣是嚴島神社附屬的豐國神社本殿，建築屋頂由巨大神木支撐，四周圍沒有門也沒有遮掩，面對神社這邊有棵大銀杏，雖然此刻綠意正美，但我們努力想像著秋天黃葉時的美麗景象，一旁的朱紅色五重塔則是不管四季都精神奕奕的守護著。我們在千疊閣的裡裡外外仔細的看了又看，安靜的坐在擦得晶亮的木地板上，用最和緩的心境，感受著建築中幾百年來的歲月風霜。大多數遊客都集中在商店街、鳥居前、神社裡，真正上來千疊閣的人反而不多，在階梯前脫鞋要進入時，一隻鹿看似很想也上閣去看看，只可惜牠被阻擋在木柵外了。

天正十五年(一五八七年)，豐臣秀吉為供奉在九州戰役中的陣亡將士，在神

神社在平安時代（西元七九四－一一九二年）末期即擁有與現今規模相
當的結構建築，在每日的潮來潮去中屹立了千年之久。

社旁的山坡上建造了這座大經堂。地坪使用了八百五十七塊榻榻米才得以鋪成的大經堂，因此被稱為千疊閣，裡面懸掛了許多國寶級文物的木匾和杓子。神社中的杓子供奉源自於日文的讀音，逮捕敵人（敵をめし取る）和盛飯（飯とる）的音唸起來相似，才有了帶著飯杓以祈求勝利的典故。因此，宮島最知名的紀念品就是各種尺寸的祈福杓子，而其中最經典的就是「絕對必勝」。

我們在一邊面海、一邊面神社的千疊閣裡，從很多人進來，一直到幾乎沒有人，每個角度都仔細推敲觀賞。屋頂沉重高聳深沉，下方以木結構支撐著，《陰翳禮讚》中說「在陰影中建造，是日本傳統的陰翳之美。」雖然描述的不是這類的空間型態，但在這裡卻能充分感受到光與影之間的極致美感。千疊閣的四面無牆、無門、無窗，完全通透的空間裡，涼風從山上、從海邊流瀉進來，即使外面超過攝氏三十度高溫，在大尺度的屋頂下方，竟是涼風徐徐。

離開千疊閣，已過中午，決定從千疊閣後方的階梯回到商店街找午餐。風景名勝區裡的店家賣的當然都是當地名產廣島大牡蠣，看似比較能接受的餐點幾乎每家都大排長龍，最後找到了完全不同於其他傳統店家風格的MIYAJIMA COFFEE，宮島珈琲賣的是牛肉咖哩，當然上面也擺了兩顆大牡蠣，咖哩意外的非常好吃，還附了一杯冰涼黑咖啡，店裡空間悠閒舒適，走的是清新的日本木質風格，讓我們透中午能好好的坐下來休息一下，兩層樓的空間，內側還圍塑著一

上｜西元一五八七年，豐臣秀吉為陣亡將士在神社旁建造的大經堂，
使用了八百五十七塊榻榻米才得以鋪成，因此被稱為千疊閣。
下｜神社主殿內部空間。

FUNG-SHEN (Patrick) HSIE
Studio, Department of Architecture, CYCU, TAIWAN

個小中庭，光影極好，我們就坐在靠中庭的窗邊，又喝下好幾杯冰開水。

飯後，隨意在商店街走逛，買了七支祈福用的飯匙給家人，也買了幾顆知名的藤い屋紅葉饅頭，包著紅豆餡的楓葉造型蛋糕很好吃，不甜也不膩，只可惜保存期限僅三天，僅能當場享用了，楓葉造型是回應當地秋天的楓紅景觀，秋天或許是造訪宮島的最美季節。

嚴島神社

再度走回神社售票亭前，海潮終於退得遠遠了，大鳥居都快見到基座，已經有不少人等不及走下仍積水的淺灘。買了門票後，進入整個建築結構高架在海面上的神社，走在ㄇ字型的東西迴廊上，很難想像木結構每天經過海水浸泡兩次，神社得花上多少的人力、心力、財力去維護整理，才能保持眼前這般完整與元氣，嚴島神社之所以浪漫，之所以引人入勝，關鍵無非就是這日復一日的潮汐變化。

原研哉對於禪修的觀點也可以用來解釋這一切，「以往禪寺住持房間前方往往都有一片白色四方庭院，考驗著清掃者的耐心……唯有靠著清掃，才能展現人類與大自然的融合，也就是日本庭園存在的意義。日復一日重複清掃動作，自然與人為，混沌與秩序之間開始產生拉鋸…… 清掃並不包含創造的觀點，清掃代表

五重塔。

的是不求變化而努力維持的態度，這就是日本精神之所在。」神社中這些勞心勞力之事，背後都有其意義，嚴島神社因為潮汐而聞名，也必須日復一日與潮汐相抗衡，考驗著耐心，更是一種修行。

順著路徑繞上一圈，從本社社殿、攝社客神社拔殿、東西迴廊、朝座屋、能舞台等，每個角度都各有風景，華麗細緻的朱紅色，在青山綠水間顯得特別突兀，神社中不僅建築是重要文化財，許多文物均是珍貴的國寶級文化財，我們很幸運的巧遇了進行中的結婚典禮，著傳統服飾的新人和賓客們沿著迴廊也正在拍攝取景，場景比夢境更不真實。

神社主要祭奉宗像三女神，田心姫命、市杵島姫命、湍津姫命，嚴島的名字就是來自市杵島姫命。因此，島上自古以來被視為清淨之神域，過去的傳統習俗中有許多關於女性的避忌，例如嚴禁農耕與織布，沒有設置墓地，女性分娩時必須到對岸，待上一百天才能回到島上，女性生理期時須被暫時隔離等。神社在平安時代（七九四－一一九二年）末期即擁有與現今規模相當的結構，當時京都的皇親貴族喜愛來此參拜，引進了文化水準極高的平安文化。嚴島神社的建築配置，在正中二年（一三二五年）一場颱風過後的修繕中大致底定，接著日本進入戰國時代，神社逐漸衰敗荒廢，直至弘治元年（一五五五年）才又恢復往昔的香火鼎盛。明治三十三年（一九〇〇年）開設了定期交通船後，帶來了更多的參拜客和觀光

海水漲退潮時的神社建築群。

参拝入口
世界文化遺産

客，目前小島上的居民僅約一千八百人，而每年到訪的遊客數高達三百萬人次。

好不真實的一座神聖小島，原本預定要走過紅葉谷，搭上纜車，登上後方海拔五三五公尺的彌山，眺望瀨戶內海的風景。沒想到光是在神社周圍就已經耗掉了一整天，從早上的滿潮到傍晚的退潮，從鳥居的這一側走到另一側，然後踩過退潮的潮間帶，踩在濕濘的砂石和鮮豔的綠藻上，遊客中就連穿著高跟鞋、涼鞋、包鞋的女士們，也都勇敢的下海去，弄髒了、弄濕了，也無妨，完全不像日本人的作風。

我們坐在比較安靜的左岸邊，觀察著海灘上一幕幕有趣的畫面，當我們看得出神時，冷不防的又出現一隻帶著長角的公鹿，毫無預警的狀況下，真的會嚇一大跳，還好牠們性情非常溫馴，島上鹿群沒有想像中多，偶爾在每個重要景點出現一下，是照片中非常稱職的配角。看著潮水退到最遠端，我們也準備下海，閃躲著潮間帶上的泥濘，來到巨大鳥居的正下方，從岸上看不覺得它如此巨大，站在正下方才知道它的雄偉，柱子下方被貼滿了許多祈福用的銅板，據說此舉破壞了鳥居的神木，開始產生龜裂。

大鳥居以現代的眼光看來，仍是個極美的藝術品，還具有神聖性，也是個區分神界和凡間的大門，通過這裡，就進入了神的領域，自然會讓人心生崇敬。原研哉在《白》一書中亦提到「空無」對於日本建築的重要性，「日本傳統神社空間中，『屋代』是神的領域中的主要建築，『屋』指的是屋頂，『代』指的是一個由四根柱子所圍塑出的『空』間，等待神明的降臨。日本神社中的鳥居、屋代皆可以『空』來解釋，穿越與停留皆是空，允許各種可能性，允許神明與人溝通，允許各種思維的產生。」因此，日本神社中大多沒有具體的神明或偶像，人神交流全憑空間與意念，也就是大家經常論及的禪意或意境。

嚴島神社的大鳥居以楠木建造，明治八年（一八七五年）重建完成，鳥居上的神額，在面海的那側是「嚴島神社」，面對神社一側則是「伊都岐島神社」。鳥居距離神社岸邊約二百公尺，高度一六・六公尺，寬度一〇・九公尺，與奈良的春日大社、敦賀的氣比神宮大鳥居合稱「日本三大鳥居」。海中的鳥居竟讓我們想起了利物浦海濱，藝術家Antony Gormley在Crosby Beach海灘上名為Another Place的一百尊鐵人，隨著潮水來去，時而站在沙灘上、時而淹沒在海水中，日日看著海上的船隻南來北往。

對於嚴島神社此類建築，或許可以德國設計大師奧托・艾舍（Otl Aicher，一九二二—一九九一）的論點來解釋，「我講求溝通，從溝通的角度來看，只有兩種建築：一種是『呈現』，一種是『代表』；前者是呈現出一棟建築為何在此，後者則是展現一棟建築如何令人印象深刻。前者是告知的美學，後者是表達與展示的美學；前者會說話，後者卻如雕像般存在著。」毫無疑問的，嚴島神社屬於後

退潮後的海灘上，
鋪滿了一大片一大片的綠藻，
溼答答的透著光，
呈現出美麗奇異的螢光綠。

者，而它精神性的存在，對於具浪漫情懷的芸芸眾生來說相當重要。

退潮後的海灘上，鋪滿了一大片一大片的綠藻，濕答答的透著光，呈現出美麗奇異的螢光綠。這裡的美，已經美到讓你完全不在意身旁一群又一群的遊客，因為佔地夠廣，每組人總是能找到一個空曠的角落和拍照的角度，密度雖高但不至於互相干擾，非常舒服。就這樣，一直流連忘返到夕陽西下，才趕去搭船。

傍晚六點十分，幾乎是用跑步的方式回到碼頭，天色都快黑了，才依依不捨的跳上船。早上從對岸緩緩靠近宮島，看著鳥居慢慢的從極微變成巨大，鳥居像是給海上來的朝聖者用的，離開時則是看著大鳥居慢慢的由大變小，搭船進出就像是一種朝聖的儀式，海面上看的風景，和在陸地上看的完全不同，總是特別的浪漫，也特別的有想像力。傍晚的海面上平靜祥和，渡船為一整天亢奮的行程，平緩了一下心情。

搭船回到陸地上的宮島口駅，再轉ＪＲ山陽本線的列車，回到廣島車站約三十分鐘，若是有時間也可搭乘廣島電鐵宮島線，慢慢晃個一個多小時。又是超過一萬步的精實旅程，老天爺很厚待，給了我們最完美的天氣，又海水漲退潮的時間也剛剛好，早上先看到了滿潮，傍晚看到了退潮，有機會選個紅葉的季節，再來吧，真的很想登上彌山看看風景，也看看建築師三分一博志為宮島彌山展望休憩所打造的新設計。◆

INFORMATION
まえ
げんばく
原爆ドーム前
Atomic Bomb Dome
겐바쿠돔마에
原子弹爆炸遗址前

廣島

原爆點

世界文化遺產

平和紀念公園

Andersen

廣島燒

JR山陽本線

廣島電鐵

太田川沖積平原上，
現代藝術、逛街購物、美食甜點、戰爭紀念，
完全衝突、五味雜陳的大城電車之旅。

喝完尾道浪漫珈琲，坐在尾道駅第一月台，等待上午九點四十分開往廣島方向的列車，途中還得在系崎駅轉車，換上往岩國的普通車，這個時段恰好沒有直達車。自一九七五年山陽新幹線全線通車後，山陽本線擔負的是區域通勤之用，我們在旅途中若是不特別趕時間，總是選擇搭乘緩慢一點的區間列車，比起高速的新幹線來得更貼近在地生活，每一段鐵道的搭乘都是旅途中獨有的體驗，很珍視這樣的時間與空間。

久違的大城

幾乎每站都停靠的普通車，一個半小時後，已經把我們送達廣島駅。廣島，很明顯的是個大城市，實際上也是西日本最大的城市，廣島駅是山陽本線和新幹線共用的大站，一下車的衝擊好大，因為在瀨戶內海沿線旅行，都在小站與小站之間移動著，一時來到大城市，視覺和心理好不習慣，連走起路來的步伐都顯得倉促。

廣島市位於太田川的三角洲上，市中心被河川出海口劃分成六個突出廣島灣的島嶼，實際在城市裡移動並不會感覺到，但其實每座橋梁都連接著各自分開的島嶼，沖積三角洲上的地勢平坦，就在我們抵達前不久的八月下旬，才剛因為一場超級豪大雨導致北邊安佐南區和安佐北區發生了嚴重的土石流災害，

往來頻繁的路面電車是廣島市區重要的城市動態景觀元素。

造成重大的傷亡和損害。因此這段時間在日本當地看新聞，每天的頭條都是廣島的土石流。

大城中除了便利的陸上交通，面對廣島灣和瀨戶內海，廣島的航運也相當發達，有多條航線可連通海上的離島和對岸四國的松山市。一出車站，跨越猿猴川上的大橋，河岸邊就是我們要住宿兩晚的連鎖旅館，旅館位置極方便，離火車站、電車站、便利商店都不遠。只是前幾天小城市的車站前都只是幾步路之遙，今天走起來特別遠，因為城市的尺度突然拉大好幾倍，橋面、馬路都顯得寬大筆直，感覺好像身處高雄市，河岸邊也像漫步愛河畔的錯覺，這是初來乍到對於廣島的第一印象，好寬、好大、好空。

Check in丟下行李後，又走回對岸的廣島電鐵車站，買了一日券，一上車還搞不清楚遊戲規則，原來也是從後方車門上車，會有列車員幫你輸入票券或者自己感應，下車時從前方司機的門口，司機還會起身要你把票券交給他感應，當然也可以自己感應，好誇張的乘車禮儀，司機在每個停靠站或等紅綠燈後要開動之前，還會比劃一大堆的SOP手勢，搭乘電車就像是在看司機員表演默劇一樣，尤其他穿著黑白色的制服、帶著一雙白手套。路面電車對於不過度擁擠的都市交通，是個很好的選擇，歐陸的城市多半都有路面輕軌電車，台灣的某些城市或許也可行，但前提是遵守交通秩序和懂得禮讓的市民，我們真的可以嗎？

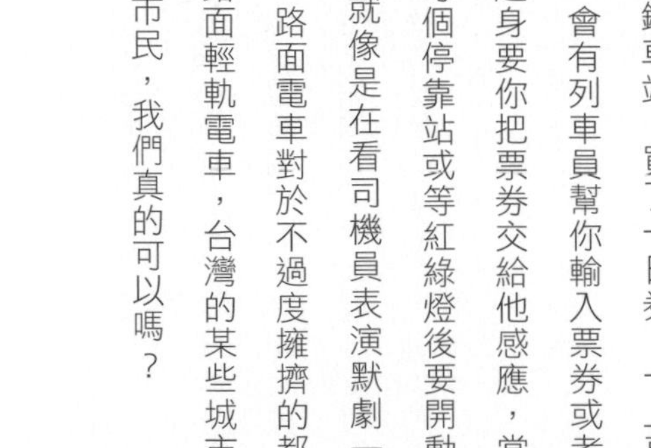

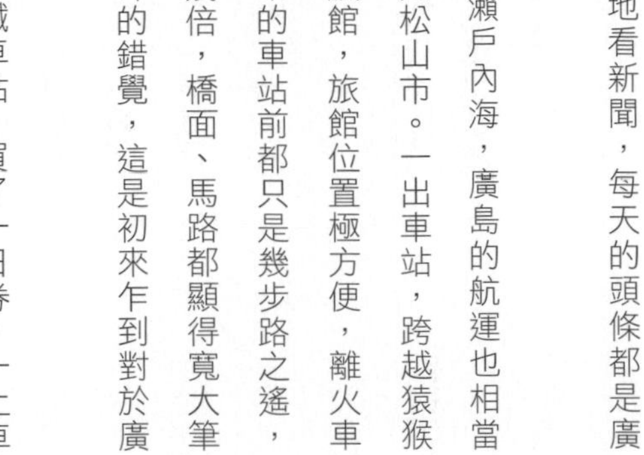

日式食堂

時間接近午餐，決定先到市中心找一家名叫CASICO的食堂，這是被一本日文旅遊書的一張廚房照片給吸引來的。在立町下車後，鑽到市中心後方類似忠孝東路SOGO的後巷裡，找了又找，繞了兩圈，怎麼樣就是找不到，兩名熱心的路人問我們：「需要幫忙嗎？」可見廣島人比較和善，居然會對拿著地圖的外國旅客伸出援手，霎時好感動。最後，第三圈終於在兩家店面之間的一扇不起眼小木門，看見木框玻璃門上貼了一張紙當作是招牌，難怪一直忽略它，打開門後還得走上二樓，先經過了廚房區再走到前方的用餐區，迷你的空間裡大概只有十來個座位，完全沒有客人，只有很木訥的一對男女老闆，我們很尷尬又很疑惑的坐下來，點了兩份九百日圓的午餐定食，其實也就只有唯一的一種選擇。

原以為這是家有趣的雜貨小鋪兼賣午餐，怎麼不見雜貨和食品呢？老闆完全沒出聲的幫我們點好餐後，先送來一杯熱茶，餐點過了一會兒現做送來，擺盤十分清新雅致，還附上一張菜單說明，廣島產的糙米，主菜是雞肉豆腐堡，配菜有煎蛋卷、青蔥炒魷魚、漬物，還有味噌湯、葡萄柚醋飲和熱茶。看似清淡的食物，比起這些天來吃到的日式料理，既健康又清爽，滋味淡雅卻層次豐富。邊用餐邊看著窗外下方非常熱鬧的小街道，誰會想到二樓藏有一家空間安靜、食物清爽的好店，隨後又進來了一對和我們一樣疑惑的日本母女，也同樣被老闆無聲安

靜的招待著。現代的日式簡餐，已經和《陰翳禮讚》裡頌揚的日本傳統完全不同，現在吸引人目光的地方總是在明亮的木質空間裡，用白色系或淺色系的陶製品、木碗，放置在原木色托盤上，清新無負擔的健康食物形象，加上清爽漂亮的擺盤，最能引發食慾吧。非常滿足的吃完一頓安靜的午餐，準備開始廣島的城市探索。

廣島市現代美術館

搭上廣島電鐵，來到了比治山下，下車後得走一段環繞的山路，從Y字型路口交番旁的小路上山，目標是比治山上比治山公園裡的廣島市現代美術館。本意是衝著建築家黑川紀章的美術館建築而來，美術館於一九八九年開館至今，主要是二次大戰之後的現代美術和年輕藝術家的展覽，也有亨利．摩爾和安迪．沃荷等大師的館藏作品，看著網頁的介紹，似乎頗吸引人。

正午過後，我們繞著山路旁的人行道，爬上了比治山，其實只是一座位在沖積平原上七十公尺高的小山丘，不過烈陽當下的氣溫正高，雖然有林間樹蔭的遮蔽，走起來還是讓人氣喘噓噓。只是，還沒進館，期待的心就涼了一大半，美術館建築以其權威式的模樣，缺少了人性的空間，冷漠而不親切的站在被綠意包圍的森林中，爬上階梯找到不明顯的入口，進入了冰涼異常的館內，一來冷氣很強，二來幾乎沒有訪客。

買了特展門票後，依序參觀，特展正在展出第九屆廣島藝術獎得主的作品，剛好是我們很欣賞的哥倫比亞女性藝術家Doris Salcedo，猶記得二〇〇七年曾經在倫敦的泰德現代美術館渦輪機廳特展中，看過她以Shibboleth為名的作品，在美術館地板上鑿出了一道一六七公尺不規則的裂縫，引起全世界藝術圈的廣泛討論，也是那幾年來我們印象最深刻的渦輪機廳特展，這回再次在亞洲城市看見她的作品，格外興奮。特展中最引人注意的就是Plegaria Muda，以一百組上下相疊的木桌，類似中小學的雙人桌，中間以厚厚的土壤相黏，代表著一具具棺木的意象，土壤中隨著時間衍生出了一株株的小草，任意的鑽出木桌隙縫，代表著生命獲得重生，藝術家將這個作品獻給那些受暴力對待的年輕受害者，走入展場就像走進墓園般，走在一排又一排整齊的走道中，卻像迷宮般的找不到出口，藝術家以她慣有的創作風格，震撼觀者。

繼續走逛其他展間，看到了幾幅才剛在豐島見識過的橫尾忠則大師的畫作，橫尾忠則特有的強烈風格，以鮮明色彩包覆著黑暗深處，確實讓人看一眼就無法忘懷，其中印象最深刻的「Art and Peace, 2006」，原來就是剛剛在山下電車站下車時，要走上山的Y字型路口交番（派出所）所在地。偌大的現代美術館裡，幾乎就只有我們兩名訪客，加上每個展場裡坐在角落活像是雕像的館員和志工。

廣島市現代美術館是建築大師黑川紀章於一九八九年所完成的作品。

広島市現代美術館

1990
日本建築学会賞

帶著一點失落的心情走下山，來到Y字型路口的交番前，拍下了一張和橫尾忠則畫作一模一樣的角度，搭上電車，再次回到市中心，找家咖啡館吃塊提振精神的甜點，一掃剛剛在美術館裡的鬱悶。

Andersen麵包坊

市中心最熱鬧的購物大街本通り上有家Andersen，一整棟的麵包坊、咖啡館、餐廳、家飾雜貨店，規模之大，讓愛吃麵包的我們超級期待。推開一樓的大門，走上幾個階梯，光是一樓的麵包甜點專區就夠讓人興奮不已，另有熟食材區和咖啡座，搭上手扶梯的二樓是餐廳，三樓是餐具雜貨和料理教室，四到六樓則是可以包場聚會的空間，應有盡有。走逛了一圈後，趕緊回到一樓的麵包甜點部，有麵包、甜點、三明治等幾大類別，琳瑯滿目的品項真是難以抉擇，挑選之後，如果要內用可以端到前方咖啡櫃台點飲料再一起結帳。

點好咖啡找到位置坐定後，發現前後左右的鄰座都是老人家或是上班族女性，對比起對街一家剛開的新穎店鋪則都是年輕女性，那裡提供的是漂亮精緻的鬆餅套餐，只是，太精緻的漂亮餐點，總是不太合我們的胃口。Andersen廣島店是該品牌總店，成立於一九六七年，另一家分店開在東京南青山表參道地鐵站B1出口附近，此外，全日本都有其系列麵包連鎖店，儼然是個麵包王國，以

橫尾忠則的畫作與實景。

丹麥童話作家安徒生為名的Andersen，甚至連丹麥女王造訪日本時都曾來此參觀，最厲害的是，居然在哥本哈根也開了兩家分店，難怪它們家的丹麥系列甜點這麼道地好吃。

隔壁桌一對長像神似的雙胞胎阿嬤，兩人都穿著黑色底淺色花紋的連身洋裝，但款式不同，在路上偶爾會看到雙胞胎小朋友，卻很少見到年紀這麼大了還能這麼相像的雙胞胎，她們感情一定很好吧，看她們在下午茶的咖啡蛋糕中聊天聊得很愉悅。另一桌則是一對七十多歲的老夫婦，日本老年人對於咖啡文化的接觸年代比我們早很多，接受度當然也就比我們要高很多，台灣現在非常普遍的咖啡館，不管是空間或是餐點，鎖定的客層都是相對年輕的族群，日本則有很多咖啡老店或老派經營的咖啡館，記得某一回在京都INODA COFFEE清水支店吃早餐時，一旁也都是日本的老先生老太太，顯見他們對於西式的咖啡與飲食文化早已深化到日常生活中。

咖啡對日本人來說真的非常普遍，喫茶店、珈琲屋、カフェ、Café、COFFEE，賣的都是咖啡，連鎖品牌的店很多，特色風格的獨立店家更多，專賣自家烘焙咖啡豆的店也比比皆是，一般超市的咖啡專櫃選擇也非常多，因為老年、中年、青年，大家都喝。《守候彩虹的海岬咖啡屋》（虹の岬の喫茶店）小說裡描述的場景，似乎越來越能想像了，小說中的老闆娘每每在泡咖啡時，用咒語

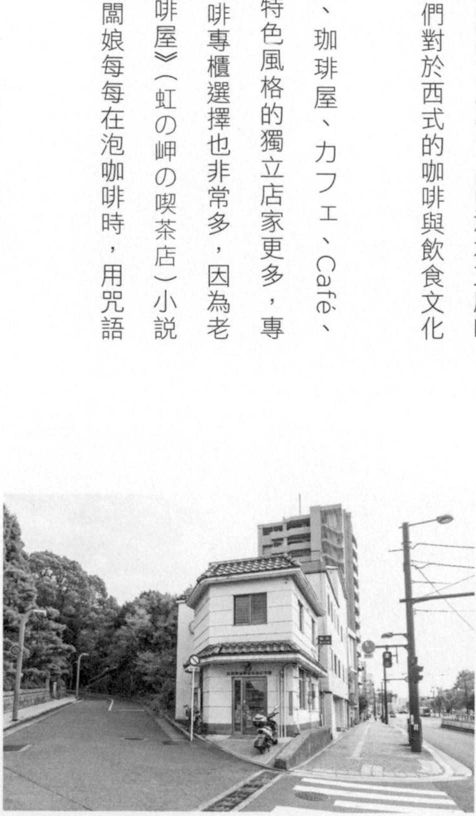

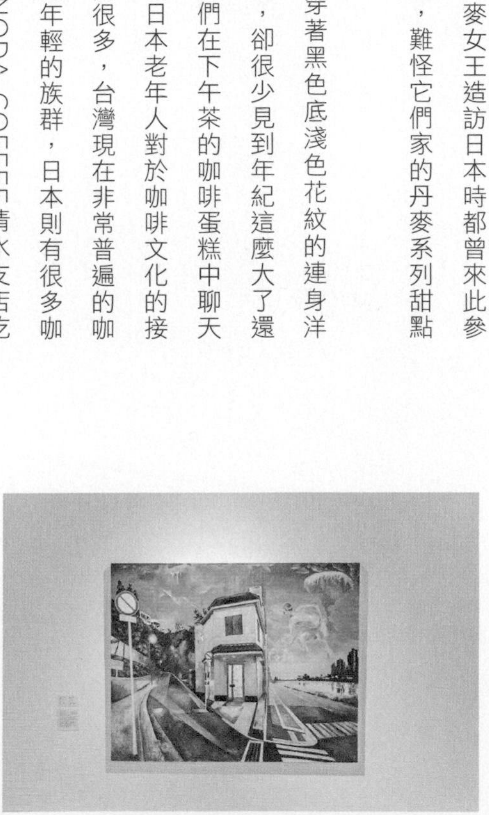

唸著「變美味吧！變美味吧！」將這種信念挹注到每一杯褐色液體中，那真是經典的日本精神。雖然年輕世代的日本精神可能不若老一輩的堅持，但是一直到現在，不管是文學、小說、電影、日劇，總不斷傳達著這類傳統價值觀的信念和美好，就像他們最愛用的台詞「很有昭和年代的氣氛」、「真是個美好的年代」。

廣島燒

結束了愉快滿足的下午茶，在加了頂蓋的本通り上隨意逛大街，逛不完的百貨公司和各類型商店，廣島的逛街購物區全都集中在此區，福屋、三越、SOGO、PARACO等大型百貨公司的口味普遍偏老年化，年輕人的品味則分散在大街上和小巷裡，也有一整棟的TOKYU HANDS，傍晚逛街購物的人潮很多，大城市的消費氣氛果然不同凡響。這裡也算是整個旅途中唯一的逛街購物機會，逛到百貨公司八點結束營業，才不情願的去覓食。

本通り附近知名的「お好み村」，二、三、四樓全都是賣廣島燒（お好み焼き）的地方。一走進去完全傻眼，整個像是台灣的夜市，只是高樓化了，好幾十家的廣島燒任君挑選，找到了我們的目標名店八昌時，門口居然已經掛上今日售罄的牌子，就隨意挑了一家老闆看起來比較和善的「さらしな」，在鐵板燒的座位區坐下來。

市中心最熱鬧的購物大街本通り，也是Andersen麵包坊總店的所在。

鐵板燒桌的對面坐著三位巴黎來的法國人，一邊吃一邊稱頌著廣島燒有多好吃，我們盯著種類繁多的菜單，不知道該選那一種好，旁邊一位剛坐下來的東京人，一直用英文跟我們交談，也跟對面的法國人交談，老闆也會一點簡單的英文，甚至也提供了英文菜單，最後決定來兩份基本款。還好，店內有提供大量的冰水，食物本身是不難吃，而且看著老闆就在你面前烹煮的過程，也還蠻有趣的，但廣島燒的口味真的鹹死人不償命，我們是和水香才能吃完一整份的廣島燒。お好み村整棟樓環境髒髒亂亂、油煙亂竄的狀態，頗有台灣的夜市味，完全不像置身日本。

那個晚上的NHK新聞報導，東京大雨、大阪大雨，某些地方甚至淹水了，而我們竟然在廣島熱得發昏，很幸運的，旅行的前半段也躲過了廣島的一場大雨。

旅館附的早餐依舊很豐盛，早餐時幾乎全是穿西裝打領帶的商務人士，而且清一色只有男性。這類商務旅館有點歐洲青年旅館的味道，設備當然是好很多，服務也好許多，一切該有的也都有，只是一切的尺寸都縮小，對我們這類只是用來過夜的旅人而言，這樣的服務剛剛好。說到Check out之後的寄放行李，很有意思，櫃台服務人員用一張很大的網子，上面綁了數顆會發出聲響的大鈴鐺，只要網子被輕輕挪動，鈴鐺就會發出鈴~鈴~鈴~的聲響，是一種防盜的概念，因為很擠的櫃台裡放不下這麼多的大行李，只好將行李放在櫃檯旁。

原爆點

在廣島的第三天，吃完早餐後，先到對岸的火車站買好傍晚返回岡山的車票，因為週五下午可能會湧現人潮，到時再排隊購票太緊急了，果然是個大站，一大早來還是得排一陣子。接著，到火車站前再買一張電鐵一日票，搭上電車來到市中心的「原爆點前」（原爆ドーム前）站，早上還未出現參觀遊客，只有戶外教學的小學生群，一列一列的整齊隊伍，戴著黃色帽子，手上拿著圖畫本和筆，經過公園裡的各個紀念碑時，還會停下來敬禮致意。

在各種文獻書籍、網路上，早已看過無數的廣島核爆史料照片，甚至人已經站在現場，還是很難想像原子彈丟在城中心的慘狀，現在這裡則是一片綠意盎然的平和紀念公園。戰爭是人類歷史上最可怕的事件，因為某些人自私妄為的想法，命令一群無法反抗的部下，無情的摧毀一切，二戰時美軍為了讓日本投降，於一九四五年八月六日上午八時十五分十七秒，在人口密集處丟下了一顆讓十六萬人喪命的原子彈，三天後又在長崎投下第二顆，造成八萬人死亡，終止了二次大戰。只是，人類總是學不乖，二次大戰結束後至今剛好經過七十年的歲月，世界各地的戰禍仍然頻傳，族群不融、宗教不合、資源掠奪的紛爭照樣天天上演，人類無止盡的慾望，在參觀原爆點的此刻愈被放大。

七十年後的今天，原爆中心點被日本人和各國遊客當成觀光景點參觀，大家

廣島平和紀念公園。德國哲學家班雅明（Walter Benjamin）曾說:「紀念碑通常由歷史上的勝利者所興建，是野蠻行為的證明文件。」同為德國的哲學家尼采也說過:「能讓幸福之所以幸福的，一向是遺忘的能力。」相較於德國，日本人不太愛立紀念碑或許比較聰明，因為不想讓那些野蠻行為留下紀錄！

不知道走完一圈後的心情是什麼？其實也不知道自己確切的想法究竟是什麼？我們很幸運的生長於平和時期的台灣，雖然經過了戒嚴獨裁時期，但沒經過真正的戰亂或逃難，或許真的生活在那個年代，也會像是〈東京小屋的回憶〉（小さいおうち）小說裡描寫的那樣，就算生活在空襲逃難的年代，其實也不特別覺得可怕？日常生活還是照樣繼續，能在黑市裡買到一斤白米、一條鮮魚比起什麼都重要，這部小說改編的電影雖然以小人物為主角，卻見證了時代的變遷與動盪，從戰前東京的摩登繁華，到戰事興起的困窘蕭條，很細膩的描述。

一九九六年，原爆點附近奇蹟似殘存的建築圓頂，被列入了世界文化遺產，以此紀念物警惕世人戰爭的殘酷。走過元安橋來到占地極寬廣的廣島平和紀念公園，這裡是另一座島嶼所在，戰後根據廣島平和記念都市建設法，委由建築家丹下健三（一九一三－二〇〇五，大阪府堺市人）規畫設計，於一九五四年完工開放，現在則是一處大樹成蔭綠草如茵的都市綠地，許多當地人走路騎車穿過公園，七十年前的斷垣殘壁，早已深埋在都市裡新建的建築底下，城裡幾乎沒有留下任何戰爭痕跡，只有那棟被炸空後獨留的原爆紀念館。其實，當時真正的原爆點在圓頂東方約二百公尺處，因此在引爆點下方有個小範圍的空間，在爆炸當時承受了相對較小的橫向破壞力，才能殘留下來這麼完整的建築圓頂，當時二公里範圍內的建築幾乎都被夷為平地。

廣島平和紀念資料館。美國歷史學家Lewis Mumford曾對紀念碑發表看法，他認為「石與磚的永久性能使它們蔑視時間，最後也蔑視生命。」二〇一五年九月十九日，在日本首相安倍晉三的強勢主導下，參議院已通過新的安保法案的相關立法，再次挑動了反戰的日本人與世界的神經，七十年前的戰爭教訓，又再次成為焦點。

広島平和記念資料館
HIROSHIMA
PEACE MEMORIAL MUSEUM

走過占地寬廣的平和紀念公園，每個角落都有各式紀念的碑、塔、鐘、像等，最後，買了門票，進入了同是丹下健三在一九五五年設計的廣島平和紀念資料館，裡面擠滿了剛剛那群小學生，每個小組都有專人解說，他們手上拿著學習單和畫本，認真的塗塗寫寫。只是這些展覽的照片和內容非常寫實，當時被原子彈炸傷的慘狀被放得如此大，讓我們幾乎都不敢直視，更何況現場的這些小學生，很快速的走過展間，當時心情就像是走訪波蘭的奧斯威辛集中營（Auschwitz concentration camp）和德國威瑪的布痕瓦爾德集中營（Buchenwald Concentration Camp）的感受，幾乎快不能呼吸了，趕緊逃出戶外，深呼吸一口氣，也由衷的希望，為了不遺忘原子彈造成的傷害而保存的原爆紀念館及平和紀念公園的設置，真能讓世人有所警惕。

就在這裡，以一種沉重的心情和步伐，結束了在廣島三天的行程，有現代藝術、有逛街購物、有宮島神社、有戰爭紀念，完全衝突的一趟城市之旅，留下了五味雜陳的複雜心情，搭上電車回旅館取行李，在ASSE地下美食街買了要帶上火車的晚餐便當，傍晚搶購便當的人潮多到嚇人，美食街裡的熟食、便當種類繁多，難道日本人平常也都吃這些嗎？

JR山陽本線慢行

趕在週五下班下課人潮湧現之前，火速衝到第五月台，竟然有不少焦慮的日本人已經在排隊，日本人的行為真的很奇特，搭火車一定早早就來排隊，還好我們也學乖了，但總是被搞得好緊張。下午四點四十五分，又搭上了ＪＲ山陽本線，一路從廣島回到出發點岡山，週五傍晚上下課上下班的人潮眾多，車廂裡擠得滿滿的，還好我們提早到月台卡位，一上車趕緊機靈的找到座位，不然這一趟近三個小時的車程，又在廣島奔跑了一整天，站著可不是開玩笑的。

旅行，進入尾聲了，好累，真的好累，意志力也越來越薄弱。看著窗外鐵道沿線的風景，梯田、聚落、山谷、森林、溪流，小城小鎮的密度很高，沿途住了不少人，傍晚農家的炊煙裊裊，還有家家戶戶的萬國旗曬衣竿，列車行走在平緩的山谷之間，稻穗已經彎彎的黃黃的，好美的常民風景。系崎站之後，軌道從山谷裡出來了，又再次看到瀨戶內海，還是一如往常平靜的大海，綿延著一座一座的大小島嶼。三原站以東，又出現了藍色屋瓦，西邊則是一種奇特的咖啡色瓦片。

刻意不選擇搭乘半小時就能抵達的新幹線，再次用ＪＲ緩慢的速度，停靠了很多小站，讓我們在旅程的最後，透過車窗外的風景，多看一眼日本的生活樣貌，看看沿途的鄉間景色，看看火車站附近的生活狀態，看看日本人的穿著和言行舉止，看著鐵路每隔一段距離就有某個高校放學的學生群，發現小鄉鎮的火車站附近都是補習班「塾」，剛放學的中學生們書包好大一個，而且一背都是兩個，他們的升學壓力想必也不小吧，列車上，真的是個很好的觀察場所，有機會應該來一趟日本長途鐵道旅行。

旅途中遇見

這些年來的大小旅行，讓我們瞭解了一件事，旅途中最美的風景，往往是那些不期而遇的人們。以攝影創作為出發點，試著尋找原因的當下，英國文化藝術評論家約翰．伯格（John Berger，一九二六－）的說法或許更為精確，「觀看者總是將他內在的一部份投射到被觀看的影像上。影像，就像是一個跳板。」或許是吧，旅行中的攝影作品，或多或少已透露了我們內心的想像、渴望與觀世之道。看著車窗外，心裡想著，期待日後有機會將這些影像紀錄集結呈現，雖然僅是廣大世界的一小隅，但攝影者、被攝者與觀看者，或許真的得以藉由這些影像作品相遇，因為約翰．伯格認為「一張照片，就像一個相遇之所」。

這次的旅行攝影相較以往有一極大的不同之處，就是好不容易說服自己捨棄沉重的攝影器材，旅途中常常因為器材的負荷或是嫌麻煩而讓創作意願降低，甚至錯失精彩片段。雖然，帶著相機的心理上還是無法完全放輕鬆，但創作工具的輕量化與極小化，至少讓自己在身體相對輕鬆的狀態下，更能隨興也更加專心捕捉旅途中的美好，也免除了大相機在某些空間中給他人的壓力。

可以肯定的是，影像捕抓的當下，對於這些年有緣相遇的人們，總是心懷感激的，就如同我們所景仰的法國攝影大師布列松（Henri Cartier-Bresson，一九〇八－二〇〇四）說過，「攝影，是一種召喚……當你拍照時，心中必須對拍

攝對象及自己懷著最崇高的敬意……。攝影者隨時都有一種安靜的不安，等待決定的瞬間」。

隨著天色漸漸暗黑，看著列車窗外，回憶起這一趟瀨戶內海的旅程，天啊，那些小島上的藝術與建築，也不過才幾天前，怎麼感覺已經好遠好遠。◆

岡山
FUJI SHŌTEN
IZUSHI OKAYAMA
出石
富士
商店
日用品 贈答品
TRADE MARK
TEL.NO.086-238-5445
荒物 文房具
荒物類
富士商店

岡山

後樂園

桃太郎

白桃

吉備糰子

烏城

瀨戶內旅行的起點與終點，

桃太郎如影隨形，

旭川、烏城、後樂園，

一個超乎預期的吉備城。

起點

桃園機場到岡山空港

出發旅行的當日一大早，桃園風和日麗，友人開著全新的亮藍色代步車載我們到機場，出發前一刻發現陪我們征戰歐洲多年的DELSEY黑色行李箱的輪子外圈裂了，在地板上滾出了一堆黑色塑膠碎片，趕緊借了一個銀色硬殼行李箱替換。

太早抵達機場，還有兩個小時要打發，預定十點十五分起飛的班機，到了九點半飛機才被拖拉到C4登機門，機型是引擎掛在機尾的小型MD系列，和隔壁的747相比，好像是大人和小孩的尺寸，連空橋的伸縮口對上去，都嫌太大。都快登機了，空勤才慢條斯理的開始補給備品，油管才開始加油，行李車拖拉著三台行李，乘客數似乎不多。

十點十分終於登機，十點三十五分飛機開始滑行，又延遲了二十分鐘才起飛，整整慢了四十分鐘，坐在機身右側，起飛時一直想找那隻霍夫曼的白色月兔，卻遍尋不著，離地越來越遠了。在高空中的視野，原本雜亂無章的市容似乎變得比較有序，我們的生活空間原來如此狹隘，每個人每天在城市裡的某個角落忙碌著，終生只為了爭得一個安身立命的殼，而那個耗盡一生努力和積蓄的殼，此刻在空中看起來卻是如此渺小。

吃了一份很無味的機餐，因為太早起而好想睡，就這樣一路睡到了瀨戶內海

岡山印象，桃太郎傳說。

上空　醒過來時，看著窗外景色，無法從上空分辨出海中的哪個島是哪個島，飛越岡山市區時，倒是能清楚的看見旭川畔的岡山城和後樂園，原來，岡山空港設置在岡山北方的丘陵上，海拔約二五〇公尺，飛機居然在一叢一叢群山環繞的機場上降落，感覺好奇特，這幾乎是把山頭移平而建的機場。

當地時間下午兩點十分降落，好迷你的岡山空港，只有兩個海關通道，台灣旅客不少，入關排隊足足等候了四十分鐘，也見識了一群讓我們很不好意思的喧嘩台灣客，快把日本海關的耐性給用光了，通關出來已經兩點五十分，剛好搭上三點整往市區的巴士。往返機場和市區的巴士車身老舊，但是異常乾淨，這大概是剛從台灣來時的最明顯感受，乾淨到不可思議。傻傻搞不清楚購票機器怎麼操作，還好巴士發車前，有一位站務員在旁協助，幫我們按了兩張車票，放好行李後上車，三點準時發車，站務員還會在門邊向車子行禮致意，好不習慣這麼有禮貌的社會。

搭巴士和搭火車看見的城市風景完全不同，機場沿途的地景地貌好像台灣，有竹林、水塘、清水白桃產區、工廠，只是，環境中異常乾淨、安靜，又路面平坦，所以，又不太像了。巴士非常平緩的從山區開進市區，不多不少就跟時刻表上寫的一樣，三十分鐘後即停妥在岡山車站西口，岡山西口類似我們的後站，日本不用前後站來區分，而是用東西南北口來稱呼。

從西口穿過整個車站站體，裡面有百貨商場、餐廳和各家鐵路便當店，也有販售岡山縣各地名產的名店，能解決轉乘旅客的各式需求，尤其商店街裡的大超市YOURS，絕對是旅途中最需要的，水、飲料、水果、零食等，只要找到一家超市就覺得安心許多。從車站東口過一個路口的巷子裡，就是第一晚要投宿的旅店，一旁是顯得落寞老舊的加了頂蓋的商店街，感覺只有柏青哥和電玩店裡還有微弱的燈光和聲響，入住後辦了一張會員卡一千五百日圓，問了櫃檯服務員這張卡片的有效期限，她簡潔的回答了「Forever」。此行預定了七個晚上的同一家連鎖商務旅館，辦一張會員卡確實很划算，手續辦妥後刷卡搭電梯上樓，卡片上明明寫著R1314，不知道為什麼一直覺得是三樓的314，結果竟是視野很好的十三樓的一三一四。

岡山初印象

星期三的岡山，非常適合拍空城計攝影集，連站前最熱鬧的桃太郎大通り都安靜到不可思議，走在大馬路上的我們甚至不敢大聲講話。岡山在二戰時被嚴重轟炸過，幾乎沒留下老城區，從車站一路走到旭川畔的岡山城，沿途好空又好靜，只有不斷出現的桃太郎意象，走到哪兒都是桃太郎，似乎這個城市沒有其它可以行銷的了，市區帶著蕭條感，氣氛也非常詭譎，完全嗅不到商業氣息，甚至

旭川旁的岡山城夜色。

連表町的購物長廊也沒有逛街人潮，到了五點多下班時間還是安安靜靜，只有火車站裡稍有人氣，讓剛從總是很熱鬧的台灣來的我們開始疑惑，這個城市是發生什麼事了嗎？

桃太郎的故事，台灣人應該都不陌生，受日本教育的外公外婆，小時候最喜歡跟我們講的就是桃太郎前往鬼島為民除害的傳説，外婆還教我們唱了桃太郎民謠，歌詞中的黍團子，也就是今日的岡山名產吉備糰子。不僅岡山很愛桃太郎，日本竟然有二十五個城市都宣稱自己才是桃太郎的故鄉，可見其魅力，岡山車站前立了一尊巨大的桃太郎銅像，一旁還有他的夥伴小白狗、小猴子、雉雞，歡迎著每位到訪岡山的旅客。

剛抵達走路行車與慣性不同方向的國度，很容易就走錯邊，上下電扶梯也常站錯邊，但是靠左邊走，讓我們又想起了思念非常的英國。桃太郎大通り上有一家很有昭和氣息的カステラ老店，也就是長崎蛋糕，感覺像是電影場景中刻意搭建出來的氣氛，但它不是刻意復古的商店，而是真的舊到底了，從門外探進去一格一格木層架上擺著厚厚的一大塊未切蛋糕，真懊悔當時為什麼沒勇氣走進去買一塊來嚐嚐。

西川綠道公園邊的交番所是棟很可愛的建築，有點西洋、有點骨董、有點童話，紅磚白牆綠色屋頂就建造在西川上，和一旁冰冷沒表情的商業大樓呈現極大對比，交番就是派出所，因為編制很小，建築通常也很迷你。我們一路散步到岡山城，旭川畔的堤防上是條極舒適的散步道，上下班上下課的市民會從這裡悠哉經過，但其實也沒多少人，安靜的不得了，如果我們居住的城市裡能有這樣一個區塊，每天可以安靜乾淨的散散步，該有多好，不會總是被烏煙瘴氣的汽機車給驚擾到心神不寧，也不會想散步找靈感時卻找不到一個適合的角落，可惜我們居住的城市連最基本的人行道都沒有了，更遑論環境優美的公園綠地。

到過日本的旅人，一定對每個城市的特色人孔蓋不陌生，日本從一九八〇年代開始發展彩繪人孔蓋，至今有超過一千萬個彩繪人孔蓋，有著超過一千八百種以上的圖案，岡山的人孔蓋也不容錯過，當然，主角又是桃太郎。旭川旁的岡山神社、岡山城早已打烊，岸邊的出石町可算是唯一留下的老街區，住宅巷弄中有幾家小店和老店，不是特別吸引人，倒是天色臨暗前那種靜謐的氣氛和微光，感覺很好。走路的途中經過了不少駐車場，裡面停放的車輛，每一部都像是新車剛出廠般的一塵不染，到底是怎麼辦到的。

在出石町的小巷中逛到天完全黑了之後，走回桃太郎大通り，準備搭電車回車站，電車上有不少剛放學的高校生，剛上車時不知道該怎麼付車資，問了學生，沒有一個人可以告訴我們，就算是比手畫腳應該也知道我們在詢問車資的事，怎麼就是沒有人願意幫忙呢，日本人的堅持還真是讓人不懂。還好剛上車時

上｜岡山城。

下｜出石町街景。

跟著前面的人抽了一張車資券，下車時看著大家將零錢和車資券丟進前方司機旁的票箱，原來就這麼簡單，怎麼會無法解釋呢？

第一天在YOURS超市買了一串巨峰葡萄，沒有買清水白桃，等到最後一天想買時，竟變成了更高價的黃金桃，買了兩顆來嚐嚐，多汁香甜、濃郁的口感，果然是名不虛傳的絕妙好滋味。岡山北邊是吉備高原的丘陵地，搭配典型的瀨戶內海式氣候，日照時間長，降雨量少，盛產桃和葡萄等高經濟價值水果，南邊則是旭川和吉井川沖積而成的岡山平原，以及從江戶時代開始以干拓產生的海埔新生地，以稻作為主，是個農產豐盛的地區。

到日本旅行不難，文化即使大不相同，但生活中、食物上的差異還可以接受，也容易想像，不像去歐洲那種完全不在理解的範圍之內，所以有過歐陸多年的旅行經驗後，日本相對來說簡單許多，即使是個完全陌生的城市或鄉鎮，都不會讓你摸不著頭緒。第一天沒有安排任何行程，單純的呼吸一下日本的空氣。

終點

第一天和最後一天，對岡山的印象竟產生了一百八十度的轉變。

旅途中很容易因為短暫的停留而對該地產生很大的誤解，就像認識新朋友一樣，所謂不打不相識。第一天覺得岡山像是個空城，最後一天再訪竟完全改觀了，這才發現岡山是個宜居的城市，尺度剛剛好，人口密度不過份擁擠，生活機能方便，聯外交通便捷，地理位置適中，氣候條件也好，農產品豐富，又離瀨戶內海這麼近，讓我們好想再多待幾天。

日本本州在地理上劃分為五大地方，東北地方、關東地方、中部地方、近畿地方和中國地方，中國地方包含山陽道和山陰道，瀨戶內海沿岸屬於山陽道。這趟山陽道的旅行，總不斷出現吉備、備前、備中、備後之類的名稱，一開始也被搞得暈頭轉向，走過一趟後終於有了點眉目，原來，吉備國是七世紀以前古代日本的小國之一，範圍就在岡山縣全境、廣島縣東部、香川縣部分島嶼、兵庫縣西部等地區。西元六八九年從中國引入律令制後，吉備國由東到西被劃分為備前、備中、備後三個令制國，現在，很多地方仍延續著古代或令制國的舊稱，像是岡山名產吉備糰子、吉備津神社、吉備高原，備前市的日本六大古窯之一的備前燒等。新舊名稱交疊或許有些複雜，我們倒是非常偏好這樣有歷史感的地理性陳述。

旅途最後一天，清晨六點起床，窗外又是個超級藍天，吃完豐盛的朝食，搭上公車前往岡山後樂園，早晨已經變得涼爽，和前幾天澳熱的氣溫比起來，竟然明顯的感受到秋意了，溫帶地區的四季，果然鮮明。

後樂園

岡山後樂園是日本三名園之一，另外兩座名園則是石川縣金澤市的兼六園和茨城縣水戶市的偕樂園。後樂園是一七〇〇年江戶時代岡山藩主池田綱政主導興建，築在岡山城下旭川畔的沙洲上，原來稱為御後園或後園。明治維新岡山城廢城之後，一八七一年改名為後樂園，意涵取自中國宋朝范仲淹《岳陽樓記》中的「先天下之憂而憂、後天下之樂而樂」的寓意。後樂園也在二戰中飽受戰火摧毀，戰後政府投入大筆經費重建，於一九五四年再度開放給民眾入園參觀。

我們一大早就買票進入了幾乎沒有遊客的後樂園，天氣照例又是晴天王國專屬的純粹藍天，寬敞、清麗的大片日式庭園，被包圍在周圍的樹林之中，眼前就是一大片純粹的深綠和淺綠，好舒服的視覺感受。幾名當地民眾來此晨間散步或慢跑，園區有推出年票，只要二千零五十日圓就能在這樣的優美環境中散步一整年，實在是讓人稱羨的高生活品質。走在十四萬四千平方公尺的廣大庭園裡，早已不需知道園區裡的延養亭、能舞台、廉池軒、唯心山、流店，到底誰是誰了，只管放開心胸感受大片綠意中所欲傳達的禪意已足矣，除了綠意之外，園林中還有櫻花林、梅花林和楓葉林，四季前來皆有讓人驚喜的不同面貌。

經典的日式庭園，多半依循著宗教信仰中自然與人的和諧關係來規畫，通常是以簡單、留白、不對稱、帶點潔癖的設計法則，庭園中有許多必然的要素，沙與石象徵著山脈或島嶼，池塘、水流、瀑布代表著湖泊或海洋，水中的鯉魚展現生機，還有喬木、灌木、草坪、花卉、青苔等精雕細琢的植物栽種，可以登高賞景的丘陵或假山，造景中不可或缺的石燈籠、島、橋，以及墊腳石、砂石、土鋪設而成的路徑，引導訪客走到園中的各角落，還會有幾棟茶屋、宮殿、招待所等建築物相襯，也運用借景方式將園外的自然景觀融入庭園設計中，非常縝密的營造出一個用來冥想和沉思的環境。

走在後樂園，腦海中無可避免的將熟悉的英式庭園風格拿來比較一番，英式庭園與日式庭園都是我們偏愛的景觀設計，至少是幾何、乾燥、生硬的歐陸庭園所無法相比的。英式或日式的庭園，是一種偏感性的意境表現，但骨子裡可能因為民族性、氣候、人口密度、生態環境等差異，讓這兩類庭園的風格在本質上有著明顯差異。

英式庭園所表現出來的有機線條，在我們看來還是比較柔軟感性，植物物種的多樣性也較為充足，整體植栽與顏色的表現上，層次也較為豐富多元，雖然都是刻意人為的結果，但是英式庭園對於人工設計痕跡的殘留也較輕微，庭園空間的營造除了遠觀也容許褻玩的可能性，在實際的機能運用上也讓使用者感覺較為輕鬆自在。

日式庭園所表現出的形式性、極簡性與正式感則較為強烈，在視覺感受與禪意的強調之下，也比較不允許使用者擅自更動空間模式或加入較為隨興的景觀元素，

對於空間安排的限制也比較嚴謹，日式庭園與建築空間一樣，總是透露著一股強烈的控制慾，民族性使然吧。與悠閒的英式庭園相較之下，日式庭園雖然高雅美麗，卻總是多了份不自在的拘束感，東西方之間的文化差異就表現在此。若是問我們偏愛誰多一些，還是會選擇英式庭園，因為British Gardens感覺上確實多了一份輕鬆寫意的浪漫情懷。

走過旭川上的人行橋，來到對岸的岡山城，天守高高的盤踞在山丘上，旭川成了城堡的天然護城河，岡山城又名烏城或金烏城，約在正平年間（一三四六—一三六九年）建造，經過幾百年的時代變遷，一直到明治六年（一八七三年）日本實行廢城令後，大部份建物被毀壞，又在一九四五年二戰空襲中燒毀，一九五〇年城池殘跡被指定為國家重要文化財，一九六六年才重建了眼前這座天守，二〇〇六年被選為日本百大名城之一，這趟旅行經過了岡山、高松、廣島三座日本百大名城，全都是戰後重建的新城池。

坐在城池邊寫了一張後樂園的明信片，終於，要在岡山城和瀨戶內海旅行道再見了，愉快的精彩的豐富的多元的藝術的常民的一趟日本旅行，所感受到的一切在心中激盪不已。瀨戶內海的旅行，鮮明的地方元素很多，大海、山陽本線、吳線、城池、小京都、大小島嶼、港口、渡船、跨海大橋、建築、藝術、藝術祭、神社、寺廟、世界文化遺產、名園、名人、土產、SuperView、國立公園、電影等等，每

個點都有各自說不完的精采故事，感覺再多來幾回都探索不盡。旅途中的精采不僅僅在路上，出發前的醞釀、回家後的發酵，每個環節都讓這趟旅途更加飽滿。

終於，拉著行李回到岡山站西口，搭上往機場的巴士，晴天王國的威力果然不同凡響，繼續給我們幾乎眼盲了的豔陽，應該學學日本女人，這些天在路上，總看見女士們人手一把黑色小洋傘，只是每一把的黑色細節各不相同，非常獨特的夏日街頭風景。

旅行是為了回家

下午兩點五十分，在岡山空港等待登機。

機場上空的白雲一團一團非常穩定的停留在藍天上，感覺一動也不動，位在二五〇公尺高丘陵地上的機場，可以環視岡山周圍的山形地勢，山雖然不高，卻是很明顯的一顆一顆獨立山頭，遠方隱約還能看見瀨戶內海。三點二十分準時登機，真的要回家了，這是個幾乎沒有飛機起降的機場，比我們國內線的機場還要安靜，三點三十九分開始滑行，機務站在機坪上向乘客揮手敬禮道再見，有禮貌到了極致。回程的航線和來的時候不同，竟然往西飛，飛越了廣島上空，又看到了廣島市區和宮島，接著往南飛越九州，上空的雲層越來越厚，看不清九州的陸地。回想這些天來的旅程，我們在陸上、在海上，費盡氣力的搭火車、搭船、又走了幾十萬步，現在在雲端上，竟然只是幾分鐘的一個場景。

這幾天的旅行幾乎天天一罐啤酒解渴，在機上又喝了一罐麒麟啤酒、一罐台啤，天氣實在太燠熱了。大概被日本食物給寵壞了味蕾，隨便一個便當都算可口，機餐的豬肉超噁心，白米飯也好難下嚥。連續吃了五天的旅館早餐，竟然會讓人懷念，三角飯糰、散壽司、白飯、多料味噌湯、煎蛋、白煮蛋、玉子燒、青菜、高麗菜絲、馬鈴薯沙拉、義大利麵沙拉、各類醬菜漬物，各種麵包、咖啡、果汁，雖然是連鎖旅館提供，但是很好吃。

準點起飛，應該準點回到台灣，卻在北台灣的空中盤旋了近一小時，睡了又醒、醒了又睡，桃園國際機場只剩下一條起降跑道，飛機全都在天空繞圈圈。終於輪到我們降落後，看到跑道邊排列了十幾架等待起飛的客機，第一次見到這樣的奇觀，原定停靠第二航廈的飛機，因為排隊又滑行到第一航廈，連登機門都大塞車。地面上懶懶散散的機務，很不敬業的迎接客機停靠，跟剛剛岡山空港被敬禮道再見的對待，差異著實好大，我們真的回家了。

旅行 vs. 攝影

在旅途中集飽了滿滿的能量，回到了日常生活常軌，旅途中遇見的那些觸動自己的人事物，不僅在當下有感，也會在往後的生活中持續發酵。旅行的新鮮感受之於生命是必要的，就像英國作家艾倫・狄波頓說的，「旅行帶給我們快樂與否，或許要看心境而非旅遊的目的地。心境就是感受力，第一次到一個地方，我們是謙卑的，對什麼有趣、什麼無趣，都沒有任何定見。還努力地翻開被覆蓋於現今之下的層層歷史，並寫筆記、拍照。反之，我們對於家的期待卻早已定型，由於在一地住了段很長的時間，我們確定這附近沒什麼有趣的東西了，習慣了，也就盲目的對很多東西視若無睹。」

而日本攝影家森山大道也曾這麼闡述過旅行，「若是問我：『喜歡旅行嗎？』我就會像巴夫洛夫的狗一樣，反射性的回答：『喜歡。』但是若繼續問我：『為什麼？』我卻難以回答這個問題。儘管很多事情都有道理可說明，而且幾乎所有的事情都是如此，然而對於旅行卻沒有確切的回答。所以，人們才會把那個不知道是什麼的東西當作目標，人永遠都想去旅行，然後真的外出旅行。」

這些年，我們頻繁的旅行，不管在海外或是台灣，也常常問自己，旅行是什麼？旅行有目的？還是漫無目的？旅行可以為自己的人生帶來什麼？或許，旅行是為了偷得浮生半日閒，旅行是為了美食與口腹之慾，旅行是為了物質與品味的滿足，旅行是為了無可救藥的浪漫，旅行是為了親臨明信片裡的風景，旅行是為了心靈充實與寧靜，旅行是為了在持續移動的過程中找尋自我，旅行是為了等待下一個旅行，旅行是為了遇見美好的人事物。

旅行，在某種程度上是一種症狀不輕的收集癖，對於影像採集已深深上癮的我們，或許德國知名導演文・溫德斯（Wim Wenders，一九四五－）在其著作《一次》中所陳述的理由，跟我們一直以來的旅行動機剛好不謀而合，他說「每張照片，存在於時間裡的每個『一次』，都是一個故事的開始……每一秒鐘在世界上某個地方有人按下快門拍攝下一個瞬間，可能是一種特別的光線吸引它，或是一張面孔，或是一個表情，或是一片風景，或是一種聲音，或只不過是一個情景被定格下來。」

不創造影像卻善於批判影像的法國哲學家羅蘭・巴特（Roland Barthes，一九一五－一九八〇）也說過，「攝影是一種毫不懈怠重現偶然巧遇的過程。」我們應該算是勤勞的旅人吧！旅行中從不間斷的影像紀錄，看似疲累繁瑣，但是拍攝當下的亢奮與精神高漲，對於抒發己見與負能量的排除有相當的助益，對於人生的過程來說應該是正面積極的。約翰・伯格也認同，「攝影的原始素材是光線與時間，有著無法被預見的效應。」旅人們常常因為旅行過程中充滿變數而深深上癮，也因為這些變數的累積讓自己學著隨遇而安；不管是風景與光影，抑或場景中偶遇的人們，都是無法被預見的，光影也好，風景也好，人也好，這些都因為不確定而值得期待，也因為遇見了而覺得美好。這就是旅行之所以折磨人卻又讓人無以自拔的玄妙之處。

所以，能量補充至相當的程度時，也就是回家的時候了，但等到能量被日常細瑣給消磨殆盡時，也就是下一趟旅行該出發的時候了。◆

一期一會．瀨戶內

作　　者　謝統勝、李蕙蓁
設　　計　IF OFFICE
行銷企畫　柯若竹
責任編輯　林明月
發 行 人　江明玉
出版、發行　大鴻藝術股份有限公司　合作社出版
台北市103大同區鄭州路87號11樓之2
電話（02）2559-0510　傳真（02）2559-0502
總 經 銷　高寶書版集團
台北市114內湖區洲子街88號3F
電話（02）2799-2788　傳真（02）2799-0909
初版一刷　二〇一五年十月初版　Printed in Taiwan
定　　價　三八〇元
最新合作社出版書籍相關訊息與意見流通，請加入Facebook粉絲頁
臉書搜尋：合作社出版

國家圖書館出版品預行編目（CIP）資料
一期一會．瀨戶內／謝統勝、李蕙蓁作
-- 初版. -- 臺北市：大鴻藝術合作社出版，2015.10
288面；16×21公分
ISBN 978-986-91861-2-4（平裝）

1. 旅遊 2. 日本

427.131　　104010777